I0467548

ATLAS DE

MATRICES

Y

ESPACIOS VECTORIALES

DE DIMENSIÓN FINITA

Olivia Gutú

Prefacio

Este texto es un diccionario de términos del álgebra lineal. Además de la definición formal, la información de cada concepto incluye sus sinónimos, su traducción al inglés, propiedades relevantes y teoremas debidamente referenciados. Está dirigido principalmente a estudiantes de programas en matemáticas, física, ciencias de la computación y de otras ramas de la ciencia, familiarizados con los conceptos básicos de álgebra lineal pero que requieran hacer una consulta rápida y desde un punto de vista abstracto.

La diferencia principal del contenido de este libro respecto a los documentos electrónicos correspondientes a enciclopedias de carácter libre y colaborativo que se encuentran en Internet, es que la notación, el estilo y el nivel de la exposición es uniforme.

Con el fin de completar el material, por una parte se incorporan términos y propiedades de conceptos básicos de la lógica y teoría de conjuntos. En el otro extremo, aparecen de manera marginal (y sin definir) algunos conceptos del análisis matemático como por ejemplo sumas infinitas, ínfimos y límites.

Es justo dar un reconocimiento a los estudiantes que han contribuido con sus comentarios a la mejora de las primeras versiones de este texto, sin embargo, dedico este trabajo a la memoria de mi amigo y entrañable profesor Jaime Cruz Sampedro. Daniel Steger es el autor de la figura de la portada *Mosaic from Pompji: Casa degli Armorini Dorati, Living room, mosaic.* Fue tomada en apego a su licencia de Creative Commons de www.texample.net/tikz/examples/mosaic-from-pompeii/.

El autor agradece infinitamente advertencias sobre errores tipográficos o de otra naturaleza recibidas a través del correo electrónico gutuolivia@gmail.com.

Olivia Gutú
Hermosillo, Sonora

Adjugada, matriz

Sea A una matriz de $n \times n$ y sea $\operatorname{Cof}(A) = (c_{ij})$, $i,j = 1,2,\dots,n$, la matriz de cofactores de A. Se define la matriz adjugada de A como:

$$\operatorname{adj}(A) = \operatorname{Cof}(A)^{\top}.$$

Es decir, $\operatorname{adj}(A) = (c_{ji})$, donde

$$c_{ji} = (-1)^{j+i} M_{ji}$$

y M_{ji} es el ji-menor de A, para $i,j = 1,2,\dots,n$. IN.: *adjugate or classical adjoint of a square matrix* [**34**, §4.4].

❂ Si A es invertible entonces [**34**, §4.4]:

$$A^{-1} = \operatorname{adj}(A)\,\frac{1}{\det A}.$$

Adjunta de una matriz

Sea A una matriz cuadrada con entradas en un campo $\mathbb{K}$. Se define la matriz adjunta de A como la matriz:

$$A^{\star} = \overline{A^{\top}}.$$

SIN.(S): matriz traspuesta conjugada de A. Si A tiene entradas reales entonces $A^{\star} = A^{\top}$. IN.: *(Hermitian) adjoint of a matrix, conjugate transpose of a matrix* [**19**, p. 3].

❂ Sea A una matriz cuadrada cualquiera.
1. Se cumple que $A^{\star\star} = A$, $\operatorname{ran} A = \operatorname{ran} A^{\star}$ y $\det A^{\star} = \overline{\det A}$ [**19**, p. 13] [**6**, p. 109].
2. Si $\alpha \in \mathbb{K}$ entonces $(\alpha A)^{\star} = \overline{\alpha} A^{\star}$.
3. Si además A es invertible, $A^{\star}$ también lo es, y $\left(A^{\star}\right)^{-1} = \left(A^{-1}\right)^{\star}$.
4. Si B tiene las mismas dimensiones que A, $(A+B)^{\star} = A^{\star} + B^{\star}$ y $(AB)^{\star} = B^{\star} A^{\star}$ [**19**, p. 3].

Adjunto, operador

Sea V un espacio vectorial definido en un campo $\mathbb{K}$ con producto interno $\langle \cdot, \cdot \rangle$. Si $T \in \mathscr{L}(V)$ existe un único operador $T^{\star} \in \mathscr{L}(V)$ llamado adjunto de T tal que:

$$\langle T(v), w \rangle = \langle v, T^{\star}(w) \rangle, \quad \forall v, w \in V.$$

1

IN.: *adjoint of an operator* [**3**, p. 118].

❂

1. Sea V un espacio vectorial con un producto interno y sean T y S pertenecientes a $\mathscr{L}(V)$.
   (a) Se cumple que $T^{\star\star} = T$ [**3**, p. 119].
   (b) Si $\alpha \in \mathbb{K}$ entonces $(\alpha T^{\star}) = \overline{\alpha} T^{\star}$ [**3**, p. 119].
   (c) Si además T es invertible, $T^{\star}$ lo es también y [**22**, p. 41]:

   $$(T^{\star})^{-1} = (T^{-1})^{\star}.$$

   (d) Si W es un subespacio de V invariante bajo T entonces $W^{\perp}$ es un subespacio de V invariante bajo $T^{\star}$.
   (e) Si T es normal entonces Ran $T = $ Ran $T^{\star}$ [**3**, p. 158].
   (f) El operador T es inyectivo si y solo si el operador $T^{\star}$ es sobre [**3**, p. 125].
   (g) El operador T es sobre si y solo si el operador $T^{\star}$ es uno a uno [**3**, p. 125].
   (h) Se satisface que [**3**, p. 120, p. 125]:

   $$
   \begin{aligned}
   \text{Ran } T^{\star} &= (\text{Ker } T)^{\perp} \\
   \text{Ker } T^{\star} &= (\text{Ran } T)^{\perp} \\
   \dim \text{Ker } T^{\star} &= \dim \text{Ker } T \\
   \dim \text{Ran } T^{\star} &= \dim \text{Ran } T.
   \end{aligned}
   $$

   (i) Se tiene que $(T+S)^{\star} = T^{\star} + S^{\star}$ y también $(TS)^{\star} = S^{\star} T^{\star}$ [**22**, p. 186].
2. *Relación con la adjunta de una matriz.*
   (a) Sea A una matriz de $n \times n$ con entradas en un campo $\mathbb{K}$. Se considera a $\mathbb{K}^{n}$ con el producto punto real o complejo dependiendo si $\mathbb{K}$ es $\mathbb{R}$ o $\mathbb{C}$. Entonces $(\mathrm{T}_A)^{\star}$ es la transformación lineal asociada a la matriz $A^{\star}$. En otras palabras, $(\mathrm{T}_A)^{\star} = \mathrm{T}_{A^{\star}}$ [**22**, p. 185].
   (b) Sea V un espacio con producto interno y sea **B** una base ortonormal de V. Entonces $(T^{\star})_{\mathbf{B}}$ es la matriz adjunta de $(T)_{\mathbf{B}}$. Es decir, $(T^{\star})_{\mathbf{B}} = ((T)_{\mathbf{B}})^{\star}$ [**3**, p. 121].

Afirmación
↪ « Proposición ».

Álgebra, teorema fundamental
Todo polinomio no constante con coeficientes complejos tiene al menos una raíz en $\mathbb{C}$. IN.: *Fundamental Theorem of Algebra* [**14**].

Alternante, forma
↪ « Bilineal alternante, forma » y « Multilineal alternante, forma ».

Antisimétrica, forma

↪ « Bilineal antisimétrica, forma » y « Multilineal antisimétrica, forma ».

Ángulo entre dos vectores

Sea V un espacio vectorial con el producto interno $\langle \cdot, \cdot \rangle$. Sea $\| \cdot \|$ la norma proveniente del producto interno dado. Si v y w son dos vectores en V distintos del vector cero, se define el ángulo entre ellos como el número $\theta \in [0, 2\pi)$ que satisface:

$$\cos \theta = \frac{\langle v, w \rangle}{\| v \| \| w \|}.$$

IN.: *angle between vectors* [**25**, p. 295].

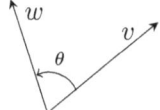

Antilineal, transformación

↪ « Semilineal, tranformación ».

Antihermitiana, matriz

Sea A una matriz cuadrada con entradas en $\mathbb{C}$. Se dice que A es una matriz antihermitiana si

$$A^{\star} = -A.$$

IN.: *anti-Hermitian matrix, skew-Hermitian matrix* [**19**, p. 100].

✪

1. Sea A una matriz antihermitiana. Si λ es un autovalor de A se cumple que $\overline{\lambda} = -\lambda$. Por tanto, todos los autovalores de A son puramente imaginarios.
2. Toda matriz antihermitiana es una matriz normal y por tanto diagonalizable.
3. Si A y B son matrices antihermitianas entonces también lo es la matriz $\alpha A + \beta B$, donde $\alpha, \beta \in \mathbb{R}$ [**19**, p. 170].
4. Si A es una matriz cuadrada entonces $A - A^{\star}$ es una matriz antihermitiana [**19**, p. 170].
5. Toda matriz compleja y cuadrada M se puede descomponer en la forma $M = A + B$ donde A es una matriz antihermitiana y B es una matriz autoadjunta. De hecho $A = \frac{1}{2}(M - M^{*})$ y $B = \frac{1}{2}(M + M^{*})$ [**19**, p. 170].

Antisimétrica, matriz

Se dice que una matriz cuadrada con entradas en un campo $\mathbb{K}$ es antisimétrica si, $A^\top = -A$:

$$A = \begin{pmatrix} 0 & a_{12} & \cdots & a_{1n} \\ -a_{12} & 0 & \cdots & a_{2n} \\ \vdots & \vdots & \ddots & \vdots \\ -a_{1n} & -a_{2n} & \cdots & 0 \end{pmatrix}$$

IN.: *skew-symmetric matrix, antisymmetric matrix* [**11**, p. 39]

✪

1. Todas las entradas de la diagonal de una matriz antisimétrica tienen que ser cero, en particular su traza es cero [**30**, p. 85].
2. Si A es una matriz antisimétrica de $n \times n$ [**30**, p. 85]:

$$\det A = (-1)^n \det A.$$

3. Si A y B son matrices antisimétricas, también lo es la matriz $\alpha A + \beta B$, donde $\alpha, \beta \in \mathbb{R}$.
4. A es antisimétrica y n es impar entonces A^n también es una matriz antisimétrica [**11**, p. 59].
5. Si A es cuadrada entonces $A - A^\top$ es antisimétrica.
6. *Caracterización de las matrices antisimétricas reales.* Las siguientes afirmaciones son equivalentes [**30**, p. 85] [**19**, p. 107]:
    (a) La matriz real A es antisimétrica.
    (b) Para todo $x = (x_1, x_2, \ldots, x_n)^\top \in \mathbb{R}^n$, $x^\top A x = 0$.
    (c) Existe una matriz ortogonal real Q tal que

$$Q^\top A Q = \begin{pmatrix} 0 & 0 & & \cdots & & 0 \\ 0 & \ddots & & & & \\ & & 0 & \ddots & & \vdots \\ \vdots & & \ddots & M_1 & & \\ & & & & \ddots & 0 \\ 0 & & \cdots & & 0 & M_m \end{pmatrix}.$$

donde $M_i = \begin{pmatrix} 0 & \alpha_i \\ -\alpha_i & 0 \end{pmatrix}$, para $i = 1, 2, \ldots, m$.

Aplicación

↪ « Función ».

Argumento de un número complejo

Sea $z = r(\cos\theta + i\sin\theta) \neq 0$ un número complejo en su forma polar. A θ se le denota por arg z y se le llama argumento de z. IN.: *argument of a complex number* [1, p. 13].

❂ Si $z_1 = r_1(\cos\theta_1 + i\sin\theta_1)$ y $z_2 = r_2(\cos\theta_2 + i\sin\theta_2)$ son dos números complejos diferentes de cero entonces [1, p. 13]:

$$\arg(z_1 z_2) = \arg z_1 + \arg z_2.$$

Aserto

↪ «Proposición».

Autoadjunta, matriz

Se dice que una matriz cuadrada A con entradas en un campo $\mathbb{K}$ es autoadjunta si,

$$A = A^\star.$$

SIN. (S): matriz hermitiana. IN.: *self-adjoint matrix, Hermitian matrix* [19, p. 169].

❂[19, p. 104, p. 169 ss]:

1. Si A es una matriz cualquiera entonces las matrices:

$$A + A^\star, \; AA^\star \; \text{y} \; A^\star A$$

   son autoadjuntas.

2. Todos los autovalores de una matriz autoadjunta son reales.

3. Si A es autoadjunta entonces A^n es autoadjunta, para cualquier número natural n.

4. Toda matriz autoadjunta es una matriz normal.

5. Si A es autoadjunta e invertible entonces A^{-1} es autoadjunta también.

6. Toda matriz compleja y cuadrada M se puede descomponer de la forma $M = A + B$ donde A es antihermitiana y B es autoadjunta, de hecho $A = \frac{1}{2}(M - M^*)$ y $B = \frac{1}{2}(M + M^*)$.

7. Sea A una matriz cuadrada con entradas complejas. La matriz A es autoadjunta si y solo si para todo $x = (x_1, x_2, \ldots, x_n)^\top$ en $\mathbb{C}^n$, $x^\star A x$ es un número real [19, p. 170, p. 397].

8. *Caracterización de las matrices autoadjuntas.* ↪ «Diagonalizable, matriz»

9. **Teorema de Rayleigh-Ritz.** Sea A una matriz autoadjunta de $n \times n$. Sean

$$\lambda_{\min} = \lambda_1 \leq \lambda_2 \leq \cdots \leq \lambda_{n-1} \leq \lambda_n = \lambda_{\max}$$

los autovalores de A. Entonces, para todo $x = (x_1, x_2, \ldots, x_n)^\top$ con entradas en $\mathbb{C}$, se cumple que:

$$\lambda_{\min} \, x^\star x \leq x^* A x \leq \lambda_{\max} \, x^\star x.$$

Más aún:

$$
\begin{aligned}
\lambda_{\max} &= \text{máx}_{x^\star x=1} \, x^\star A x \\
\lambda_{\min} &= \text{mín}_{x^\star x=1} \, x^\star A x.
\end{aligned}
$$

Autoadjunto, operador

Sea V un espacio vectorial sobre un campo $\mathbb{K}$ con producto interno . Consideremos a V con un producto interno. Se dice que $T \in \mathscr{L}(V)$ es autoadjunto si

$$T = T^\star.$$

SIN. (S): operador hermitiano. IN.: *self-adjoint operator, Hermitian operator* [**3**, p. 128].

✪

1. Todos los autovalores de un operador autoadjunto son reales [**3**, prop. 7.1].
2. Todo operador autoadjunto es un operador normal.
3. Sea V un espacio sobre un campo $\mathbb{C}$ con producto interno $\langle \cdot, \cdot \rangle$ y $T \in \mathscr{L}(V)$. El operador T es autoadjunto si y solo si para todo $v \in V$, $\langle T(v), v \rangle$ es un número real [**3**, cor. 7.3].
4. *Caracterización de los operadores autoadjuntos.* ↪ « Diagonalizable, operador ».
5. *Relación con las matrices autoadjuntas.*
   (a) Sea A una matriz de $n \times n$ con entradas en un campo $\mathbb{K}$. Se considera a $\mathbb{K}^n$ con el producto punto real o complejo dependiendo si $\mathbb{K}$ es $\mathbb{R}$ o $\mathbb{C}$. Ya que $(T_A)^\star = T_{A^\star}$ entonces T_A es un operador autoadjunto si y solo si A es una matriz autoadjunta [**22**, p. 185].
   (b) Sea V un espacio vectorial sobre $\mathbb{C}$ con un producto interno y sea **B** una base ortonormal de V. Como

   $$(T^\star)_\mathbf{B} = ((T)_\mathbf{B})^\star$$

   entonces $T \in \mathscr{L}(V)$ es un operador autoadjunto si y solo si $(T)_\mathbf{B}$ es una matriz autoadjunta [**3**, p. 121].

Autovalores y autovectores de una matriz

Sea A una matriz cuadrada de $n \times n$ con entradas en un campo $\mathbb{K}$. Un escalar $\lambda \in \mathbb{K}$ se dice que es un autovalor de la matriz A si existe $x = (x_1, x_2, \ldots, x_n)^\top \neq (0, 0, \ldots, 0)^\top$, con entradas en $\mathbb{K}$, tal que:

$$Ax = \lambda x.$$

En este caso, se dice que x es un autovector de A correspondiente a λ. Note que por definición todo autovalor debe de estar en $\mathbb{K}$ y todo autovector debe tener al menos una entrada distinta de cero. Sin.(s): eigenvalores y eigenvectores, valores y vectores propios, valores y vectores característicos. In.: *eigenvalues and eigenvectors of a matrix* [**25**, p. 490].

✪ Sea A una matriz cuadrada con entradas en un campo $\mathbb{K}$. Se cumple lo siguiente:

1. Un escalar λ es un autovalor de A si y solo si $\mathbb{P}_A(\lambda) = 0$. En particular, si A es de $n \times n$ entonces A tiene a lo más n autovalores distintos [**22**, p. 201, teo. 2.2].

2. Si λ es un autovalor de A entonces $-\lambda$ es un autovalor de $-A$.

3. Los autovalores de A son los mismos que los de $A^\top$ [**22**, p. 213].

4. Si A es invertible y $\lambda \neq 0$ es un autovalor de A entonces λ^{-1} es un autovalor de A^{-1} [**22**, p. 213].

5. Sea B una matriz con entradas en $\mathbb{K}$ de las mismas dimensiones que A. El conjunto de autovalores de AB es igual al conjunto de autovalores de BA [**22**, p. 213].

6. Sea $\Lambda = \{\lambda_1, \lambda_2, \ldots, \lambda_m\}$ un conjunto de autovalores distintos de A. Todo subconjunto de $\mathbb{K}^n$ de m autovalores correspondientes a cada uno de los autovectores de Λ es linealmente independiente.

7. Si A y B son matrices similares entonces tienen los mismos autovalores con las mismas multiplicidades [**25**, p. 508].

Autovalores y autovectores de un operador

Sea V un espacio vectorial sobre un campo $\mathbb{K}$. Sea $T \in \mathscr{L}(V)$. Un escalar λ se dice que es un autovalor de T si existe un vector $v \neq 0$ tal que,

$$T(v) = \lambda v.$$

En este caso se dice que v es un autovector de T correspondiente a λ. Note que por definición todo autovalor debe estar en $\mathbb{K}$ y todo autovector debe ser distinto del cero de V. Sin.(s): eigenvalores y eigenvectores, valores y vectores propios, valores y vectores característicos. IN.: *eigenvalues and eigenvectors of an operator* [**3**, p. 77].

❂

1. Sea V un espacio vectorial sobre $\mathbb{K}$ y $T \in \mathscr{L}(V)$. Entonces se satisface lo siguiente:

   (a) Un escalar $\lambda \in \mathbb{K}$ es un autovalor de T si y solo si [**3**, p. 77]:
   $$\text{Ker } (T - \lambda I) \neq \{0\}.$$

   (b) El conjunto de autovectores de T correspondiente a λ es un subespacio de V.

   (c) Si λ es un autovalor de T entonces $-\lambda$ es un autovalor de $-T$.

   (d) Si T es invertible y además $\lambda \neq 0$ es un autovalor de T entonces λ^{-1} es un autovalor de T^{-1} [**3**, p. 94].

   (e) Si V tiene dimensión n entonces T tiene a lo más n distintos autovalores [**3**, cor. 5.9].

   (f) Si $\lambda_1, \lambda_2, \ldots, \lambda_m$ son distintos autovalores de T y además $v_1, v_2, \ldots, v_m$ son autovectores correspondientes a cada autovalor entonces el conjunto
   $$\{v_1, v_2, \ldots, v_m\} \subset V$$
   es linealmente independiente [**3**, teo. 5.6].

   (g) Sea $S \in \mathscr{L}(V)$. Entonces el conjunto de autovalores de $TS \in \mathscr{L}(V)$ es el mismo que el conjunto de autovalores de $ST \in \mathscr{L}(V)$ [**3**, p. 95].

2. Todo operador sobre un espacio vectorial $V \neq \{0\}$ sobre $\mathbb{C}$ (de dimensión finita) tiene al menos un autovalor [**3**, teo. 5.10].

3. *Relación con los autovalores de una matriz.*

   (a) Sea V un espacio vectorial, T un operador en $\mathscr{L}(V)$ y **B** una base *cualquiera* de V. Entonces la matriz $(T)_{\textbf{B}}$ tiene los mismos autovalores que T. En otras palabras, el conjunto de autovalores de T es independiente de las bases de V [**25**, p. 508].

   (b) Sea A una matriz de $n \times n$ con entradas en $\mathbb{K}$. Ya que $(T_A)_{\textbf{B}} = A$ donde **B** es la base canónica de $\mathbb{K}^n$ entonces los autovalores de A son los mismos que los de su transformación lineal asociada $T_A \in \mathscr{L}(\mathbb{K}^n)$.

Autovectores generalizados de un operador

Sea V un espacio vectorial sobre un campo $\mathbb{K}$, $T \in \mathscr{L}(V)$ y $\lambda \in \mathbb{K}$ un autovalor de T. Un vector $v \in V$ es un autovector generalizado de T correspondiente a λ si existe un entero $k \geq 1$ tal que:

$$(T - \lambda I)^k v = 0.$$

IN.: *generalized eigenvectors of an operator* [3, p. 164].

✪ Sea V un espacio vectorial de dimensión n, $T \in \mathscr{L}(V)$ y λ un autovalor de T. El conjunto de autovectores generalizados de T correspondientes a λ es el subespacio [3, cor. 8.7]:

$$\text{Ker } (T - \lambda I)^n.$$

↪ « Jordan, base » y « Descomposición primaria, teorema ».

B

Banda, matriz

Se dice que una matriz $A = (a_{ij})$ de $n \times n$ es una matriz banda con número de bandas $2p + 1$, para algún número natural p si:

$$|i - j| > p \text{ implica que } a_{ij} = 0.$$

Si p es 1, se dice que A es una **matriz tridiagonal**. IN.: *tridiagonal matrix, banded matrix* [36, p. 55] [19, p. 28].

$$A = \begin{pmatrix} \star & \star & 0 & 0 & \cdots & 0 \\ \star & \star & \star & 0 & \cdots & 0 \\ 0 & \star & \star & \star & \cdots & 0 \\ \vdots & \ddots & & & \ddots & \vdots \\ 0 & \cdots & 0 & \star & \star & \star \\ 0 & \cdots & 0 & 0 & \star & \star \end{pmatrix}$$

Base canónica de $\mathbb{R}^n$ o de $\mathbb{C}^n$

La base canónica de $\mathbb{R}^n$ o de $\mathbb{C}^n$ es el conjunto $\{e_1, e_2, \ldots, e_n\}$ donde, para $i = 1, 2, \ldots, n$,

$$e_i = (0, \ldots, 0, \underbrace{1}_{\uparrow}, 0, \ldots, 0)$$
$$\text{lugar } i$$

IN.: *canonical basis, standar basis* [3, p. 27].

Base de un espacio vectorial

Sea V un espacio vectorial sobre un campo $\mathbb{K}$. Se dice que

$$\mathbf{B} = \{v_1, v_2, \ldots, v_n\} \subset V$$

es una base de V si satisface lo siguiente:
1. El conjunto $\mathbf{B}$ es linealmente independiente.
2. El conjunto $\mathbf{B}$ genera V, es decir:

$$\text{span } \{v_1, v_2, \ldots, v_n\} = V.$$

IN.: *basis of a vector space* [**3**, p. 27].

✪

1. Un conjunto $\mathbf{B} = \{v_1, v_2, \ldots, v_n\}$ es una base de un espacio vectorial V sobre un campo $\mathbb{K}$ si y solo si cada v se puede escribir de manera única de la forma

$$v = \alpha_1 v_1 + \alpha_2 v_2 + \cdots \alpha_n v_n$$

donde $\alpha_1, \alpha_2, \ldots, \alpha_n$ están en $\mathbb{K}$ [**3**, prop. 2.8].
2. Dos bases de un mismo espacio vectorial tienen el mismo número de elementos [**3**, teo. 2.14].

Base espectral de un operador

Sea V un espacio vectorial con un producto interno. Supongamos que $T \in \mathscr{L}(V)$ es diagonalizable. A cualquier base de V consitutida por autovectores de T se le llama base espectral de T. IN.: *spectral basis for T* [**22**, p. 220].

Base monomial del espacio vectorial de polinomios

Sea $\mathbb{K}$ un campo y m un número natural. La base monomial del espacio vectorial $\mathscr{P}_m(\mathbb{K})$ es el conjunto de polinomios

$$\mathbf{B} = \{1, z, z^2, \ldots, z^m\}.$$

IN.: *monomial basis for a polynomial vector space* [**2**, §1.8].

✪ Efectivamente, el conjunto $\mathbf{B}$ descrito arriba es una base para el espacio vectorial $\mathscr{P}_m(\mathbb{K})$ [**2**, §1.8].

Base ortogonal

Sea V un espacio vectorial con un producto interno. Se dice que un subconjunto $\mathbf{B} = \{v_1, v_2, \ldots, v_n\}$ de V es una base ortogonal de V si:
1. El conjunto $\mathbf{B}$ es una base para V.

2. El conjunto **B** es ortogonal.

IN.: *orthogonal basis* [**22**, p. 97].

✪ Todo espacio vectorial de dimensión finita dotado de un producto interno admite una base ortogonal [**3**, cor. 6.24].

Base ortonormal

Sea V un espacio vectorial y sea $\langle \cdot, \cdot \rangle$ un producto interno definido en V. Se dice que un subconjunto **B** $= \{v_1, v_2, \ldots, v_n\}$ de V es una base ortonormal de V si:

1. El conjunto **B** es una base para V.
2. El conjunto **B** es ortonormal.

IN.: *orthonormal basis* [**3**, p. 106].

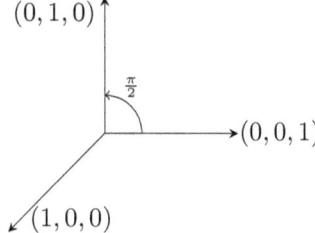

✪ Si V es un espacio vectorial de dimensión finita con producto interno entonces V admite una base ortonormal [**3**, cor. 6.24].

Bessel, desigualdad

Sea V un espacio vectorial con un producto interno $\langle \cdot, \cdot \rangle$ y $\| \cdot \|$ la norma proveniente del producto interno dado. Sea $\{v_1, v_2, \ldots, v_m\}$ un conjunto ortonormal en V. Si $\alpha_i = \langle v, v_i \rangle$, es decir, es la componente de $v \in V$ a lo largo de v_i entonces,

$$\sum_{i=1}^{m} \alpha_i^2 \leq \| v \|^2.$$

IN.: *Bessel inequality* [**22**, p. 102, teo. 1.4].

Bézout, matriz

Sean $p(z) = a_n z^n + \cdots + a_1 z + a_0$ y $q(z) = b_n z^n + \cdots + b_1 z + b_0$ dos polinomios sobre $\mathbb{C}$. La matriz de Bézout de orden n asociada a p y q es la matriz con entradas complejas $B_n(p, q) = (b_{ij})$ donde los coeficientes b_{ij} satisfacen:

$$\frac{p(z)q(w) - q(w)p(z)}{z - w} = \sum_{i=1}^{n} \sum_{j=1}^{n} b_{ij} z^{i-1} w^{j-1}.$$

IN.: *Bézout matrix* [**5**, p. 155 ss].

Bidiagonal, matriz

Sea $A = (a_{ij})$ una matriz de $n \times m$. Se dice que A es bidiagonal si $a_{ij} = 0$ para $i > j$ o $i < j - 1$, donde $i = 1, 2, \ldots, n$, $j = 2, 3, \ldots, m$. Es decir, tiene la forma:

$$A = \begin{pmatrix} \star & \star & 0 & \cdots & 0 \\ 0 & \star & \star & \cdots & 0 \\ \vdots & \vdots & \ddots & \ddots & 0 \\ 0 & 0 & \cdots & \star & \star \\ 0 & 0 & \cdots & 0 & \star \\ \vdots & \vdots & \vdots & & \vdots \\ 0 & 0 & 0 & \cdots & 0 \end{pmatrix}$$

IN.: *bidiagonal matrix* [**36**, p. 402].

Bilineal, forma (antisimétrica, alternante y simétrica)

Sea V un espacio vectorial sobre un campo $\mathbb{K}$. Una forma bilineal es una función

$$g : V \times V \to \mathbb{K}$$

que es bilineal. Es decir, satisface lo siguiente:

1. Para todo u, w y v en V: se cumple

$$g(u + w, v) = g(u, v) + g(w, v).$$

2. Para todo u, w y v en V:

$$g(v, u + w) = g(v, u) + g(v, w).$$

3. Para todo u y w en V y para todo escalar $\alpha \in \mathbb{K}$, se cumple:

$$\alpha g(u, w) = g(\alpha u, w) = g(u, \alpha w).$$

IN.: *bilinear form*. Se dice que g es **antisimétrica** si para $u, w \in V$:

$$g(u, w) = -g(w, u).$$

Se dice que g es **alternante** si para todo $v \in V$, $g(v, v) = 0$. Se dice g es simétrica si para todo $u, w \in V$:

$$g(u, w) = g(w, u).$$

IN.: *skew-symmetric, alternating, symmetric bilinear form* [**29**, p. 239 ss].

✪

1. Si el campo $\mathbb{K}$ es $\mathbb{C}$ o $\mathbb{R}$, una forma bilineal es antisimétrica si y solo si es alternante [**29**, p. 241, teo. 11.1].
2. El producto escalar es una forma bilineal simétrica.

Bilineal, función asociada a una matriz

Sea A una matriz de $m \times n$ con entradas en un campo $\mathbb{K}$. La función bilineal asociada a la matriz A es la aplicación

$$g_A : \mathbb{K}^m \times \mathbb{K}^n \to \mathbb{K}$$

definida por

$$g_A(x, y) = x^\top A y.$$

IN.: *Bilinear map associated to a matrix* [**22**, p. 119].

✪ Sea $\mathbb{K}$ un campo. Dada una función bilineal $g : \mathbb{K}^m \times \mathbb{K}^n \to \mathbb{K}$, existe una única matriz A tal que $g = g_A$, Más aún, el conjunto de funciones bilineales de $\mathbb{K}^m \times \mathbb{K}^n$ a $\mathbb{K}$ forman un espacio vectorial denotado por $\mathrm{Bil}(\mathbb{K}^m \times \mathbb{K}^n, \mathbb{K})$ y la aplicación $A \mapsto g_A$ define un isomorfismo entre $\mathrm{Mat}_{m \times n}(\mathbb{K})$ y $\mathrm{Bil}(\mathbb{K}^m \times \mathbb{K}^n, \mathbb{K})$ [**22**, p. 120, teo. 4.1].

Bilineal, función

Sean V, W y F espacios vectoriales sobre un campo $\mathbb{K}$. Se dice que una función $f : V \times W \to F$ es bilineal si las aplicaciones

$$v \mapsto f(v, w) \quad \text{y} \quad w \mapsto f(v, w)$$

son lineales. IN.: *bilinear map* [**22**, p. 118].

✪ Sean V, W y F espacios vectoriales sobre un campo $\mathbb{K}$ de dimensiones n, m y r respectivamente. Si $f, g : V \times W \to F$ son formas bilineales y $\alpha \in \mathbb{K}$, se definen la suma y multiplicación por escalar naturalmente como sigue:

$$\begin{aligned} (f + g)(v, w) &= f(v, w) + g(v, w), \\ (\alpha f)(v, w) &= \alpha f(v, w). \end{aligned}$$

El conjunto de funciones bilineales con la suma y multiplicación por escalar definidos arriba forman un espacio vectorial de dimensión $n\,m\,r$, denotado por $\text{Bil}(V \times W, F)$ [**29**, p. 299 ss].

Binaria, operación

Una operación binaria sobre un conjunto $A \neq \emptyset$ es una función que a cada par de elementos de A le asigna un (único) elemento de A. Es decir, una operación binaria es una función con dominio $A \times A$ cuya imagen está contenida en A. Si

$$\div : A \times A \to A$$

es una operación binaria, la imagen del par $(a_1, a_2) \in A \times A$ bajo la operación binaria $\div$ se denota siempre por:
$$a_1 \div a_2.$$

IN.: *binary operation* [**16**, p. 30].

Binomial, coeficiente

Sean n y k enteros no negativos, $k \leq n$. Se define el coeficiente binomial n en k, por:

$$\binom{n}{k} = \frac{n!}{k!(n-k)!}.$$

IN.: *binomial coefficients, "n choose k"* [**16**, p. 77].

◉ Sean n y k enteros no negativos tales $k \leq n$ [**16**, p. 77 ss]:

1. $\dbinom{n}{n} = \dbinom{n}{0} = 1.$

2. $\dbinom{n}{k} = \dbinom{n-1}{k-1} + \dbinom{n-1}{k}.$

3. $\dbinom{n}{k} = \dbinom{n}{n-k}.$

4. $\dbinom{n}{0} + \dbinom{n}{1} + \dbinom{n}{2} + \cdots + \dbinom{n}{n} = 2^n.$

Binomial, ecuación

Sea $z = r(\cos\theta + \mathbf{i}\operatorname{sen}\theta)$ un número complejo en su forma polar. Para todo n natural se cumple que:

$$z^n = r^n(\cos n\theta + \mathbf{i}\operatorname{sen} n\theta).$$

IN.: *binomial equation* [**1**, p. 15].

Binomial, fórmula

Si a y b son dos números reales entonces,

$$(a+b)^n = \sum_{k=0}^{n} \binom{n}{k} a^{n-k} b^k.$$

IN.: *binomial formula* [**16**, p. 77].

Biyectiva, función

Sean A y B dos conjuntos. Se dice que una aplicación $f : A \to B$ es una función biyectiva si es inyectiva y sobreyectiva. SIN. (S): biyección, función invertible. IN.: *bijective map* [**12**, p. 13].

❂ Sea $f : A \to B$ una función. Las siguientes afirmaciones son equivalentes [**12**, p. 14]:

1. La función f es biyectiva.
2. Existe la inversa f^{-1} para la función f. En otras palabras, existe una función $f^{-1} : B \to A$ tal que

$$f \circ f^{-1} = \mathrm{id}_B \quad \text{y} \quad f^{-1} \circ f = \mathrm{id}_A.$$

C

Campo

Sea $\mathbb{K}$ un conjunto dotado de dos operaciones binarias

$$+ : \mathbb{K} \times \mathbb{K} \to \mathbb{K} \quad \text{y} \quad \cdot : \mathbb{K} \times \mathbb{K} \to \mathbb{K}.$$

El conjunto $\mathbb{K}$ es un campo si satisface las siguientes propiedades, para todo x, y y z en $\mathbb{K}$:

1. $x + (y + z) = (x + y) + z$;
2. existe un elemento 0 en $\mathbb{K}$ llamado **cero** tal que

$$x + 0 = 0 + x = x;$$

3. existe $-x$ en $\mathbb{K}$ tal que $x + (-x) = (-x) + x = 0$;
4. $x + y = y + x$;
5. $x \cdot (y \cdot z) = (x \cdot y) \cdot z$;
6. existe $1 \neq 0$ en $\mathbb{K}$ tal que $x \cdot 1 = 1 \cdot x = x$;
7. para todo $x \neq 0$ existe x^{-1} en $\mathbb{K}$ tal que $x \cdot x^{-1} = x^{-1} \cdot x = 1$;

8. $x \cdot y = y \cdot x$.
9. $x \cdot (y + z) = x \cdot y + x \cdot z$.

SIN.(S): cuerpo. IN.: *field* [**3**, p. 2 ss].

✪ Los conjuntos $\mathbb{C}$ y $\mathbb{R}$ son campos.

En este atlas, cuando el símbolo $\mathbb{K}$ se refiera a un campo, se debe de entender que es $\mathbb{C}$ o $\mathbb{R}$ exclusivamente.

Cauchy-Schwarz, desigualdad

Sea V un espacio vectorial definido en un campo $\mathbb{K}$. Sea $\langle \cdot, \cdot \rangle$ un producto interno definido en V y $\|\cdot\|$ la norma proviente de ese producto interno. Entonces, para todo v y w en V se cumple que:

$$|\langle v, w \rangle| \leq \|v\|\|w\|.$$

IN.: *Cauchy-Schwarz inequality* [**3**, p. 104].

Cayley-Hamilton, teorema

↪ « Polinomio característico de una matriz o un operador ».

Cero de un espacio vectorial

↪ « Espacio vectorial ».

Cero, matriz

Una matriz cero es una matriz que tiene todas las entradas iguales a 0. IN.: *zero matrix* [**22**, p. 25].

Cero, número

↪ « Axiomas de los números reales » y « Campo ».

Cero, transformación lineal

Sean V y W dos espacios vectoriales sobre un mismo campo. La transformación lineal cero $O \in \mathscr{L}(V, W)$ es la función que a cada elemento de V lo envía al cero de W [**22**, p. 55].

Cholesky, descomposición

Se dice que una matriz autoadjunta A admite una descomposición Cholesky si existe L una matriz triangular inferior tal que $A = LL^\star$. IN.: *Cholesky factorization* [**19**, p. 114].

✪ Una matriz autoadjunta A es positiva definida si y solo si admite una descomposición Cholesky $A = LL^\star$, donde las entradas de la diagonal de L son positivas; además si A es real entonces L es real también [**19**, p. 407, cor. 7.2.9].

Clase de equivalencia

Sea A un conjunto no vacío y $\mathbf{R}$ una relación de equivalencia definida sobre él. Si $x \in A$, al conjunto:

$$[x] = \{y : x\mathbf{R}y\}$$

se le llama clase de equivalencia de x. IN.: *equivalence class of x* [**12**, p. 15].

⊛ Sea $\mathbf{R}$ una relación de equivalencia definida sobre un conjunto A, se cumple lo siguiente [**12**, lema 7.3]:

1. $\bigcup_{x \in A}[x] = A$.
2. Si $y \in [x]$ entonces $[y] = [x]$.
3. Si $y \notin [x]$ entonces $[y] \cap [x] = \emptyset$.

Cociente, conjunto

Sea A un conjunto no vacío y $\mathbf{R}$ una relación de equivalencia definida sobre él. Al conjunto:

$$A/\mathbf{R} = \{[x] : x \in A\},$$

se le llama conjunto cociente de A con respecto a la relación de equivalencia $\mathbf{R}$. IN.: *quotient set of a set by an equivalence relation* [**12**, p. 16].

Cociente, espacio

↪ « Espacio cociente de un espacio vectorial ».

Codominio de una función

↪ « Dominio e imagen de una función ».

Coeficiente binomial

↪ « Binomial, coeficiente ».

Coeficientes de un polinomio

Sea $\mathbb{K}$ un campo y

$$p(z) = a_m z^m + \cdots + a_2 z^2 + a_1 z + a_0$$

un polinomio sobre $\mathbb{K}$. Los coeficientes de $p(z)$ son los elementos del conjunto:

$$\{a_0, a_1, a_2, \ldots, a_m\}.$$

IN.: *coefficients of a polynomial* [**22**, p. 232].

⊛ Sea $p(z) = a_m z^m + \cdots + a_2 z^2 + a_1 z + a_0$ un polinomio sobre un campo $\mathbb{K}$. Entonces, $p(z) = 0$ para todo $z \in \mathbb{K}$ si y solo si se tiene que $a_0 = a_1 = a_2 = \cdots = a_m = 0$ [**2**, p. 12] .

Coeficiente principal y coeficiente constante de un polinomio

Sea $\mathbb{K}$ un campo y

$$p(z) = a_m z^m + \cdots + a_2 z^2 + a_1 z + a_0$$

un polinomio sobre $\mathbb{K}$, tal que $a_m \neq 0$. A a_m se le llama coeficiente principal de p y a a_0 se le llama coeficiente constante de p. IN.: *leading coefficient and constant term of a polynomial* [**22**, p. 232].

Cofactor

Sea A una matriz cuadrada con entradas en un campo $\mathbb{K}$. Sea M_{ij} el ij-menor de A. Se define el ij-cofactor de A como:

$$c_{ij}(A) = (-1)^{i+j} M_{ij}.$$

IN.: *cofactor of a matrix* [**19**, p. 17].

Colección de conjuntos

Una colección es un conjunto de conjuntos. IN.: *collection of sets* [**26**, p. 11]

Columna de una matriz

Sea

$$A = \begin{pmatrix} a_{11} & a_{12} & \cdots & a_{1n} \\ a_{21} & a_{22} & \cdots & a_{2n} \\ \vdots & \vdots & & \vdots \\ a_{m1} & a_{m2} & \cdots & a_{mn} \end{pmatrix}$$

una matriz. Se define la j-ésima columna de A como el vector:

$$\begin{pmatrix} a_{1j} \\ a_{2j} \\ \vdots \\ a_{mj} \end{pmatrix}.$$

IN.: *matrix-column* [**3**, p. 23].

Combinación lineal

Sea V un espacio vectorial sobre un campo $\mathbb{K}$. Sea $\{v_1, v_2 \ldots, v_n\}$ un subcojunto de V y sean $\alpha_1, \alpha_2, \ldots, \alpha_n$ elementos cualesquiera de $\mathbb{K}$. A la suma

$$\alpha_1 v_1 + \alpha_2 v_2 + \cdots + \alpha_n v_n$$

se le llama combinación lineal de $\{v_1, v_2 \ldots, v_n\}$. IN.: *linear combination* [**22**, p. 5].

Compleja, matriz

Una matriz compleja es aquella cuyas entradas son todas números complejos. IN.: *complex matrix.*

Complejos, números

El conjunto $\mathbb{C}$ de números complejos se constituye de pares ordenados (a, b) donde a y b son números reales, acompañados de la siguiente aritmética:

$$(a_1, b_1) + (a_2, b_2) = (a_1 + a_2, b_1 + b_2),$$
$$(a_1, b_1) \cdot (a_2, b_2) = (a_1 a_2 - b_1 b_2, a_1 b_2 + b_1 a_2).$$

Cada número complejo $z = (a, b)$ tienen la representación

$$z = a + \mathbf{i}b,$$

donde el símbolo $\mathbf{i}$ satisface

$$\mathbf{i}^2 = -1.$$

Con esta notación, la suma y la multiplicación de números complejos queda como sigue:

$$(a_1 + \mathbf{i}b_1) + (a_2 + \mathbf{i}b_2) = (a_1 + a_2) + \mathbf{i}(b_1 + b_2),$$
$$(a_1 + \mathbf{i}b_1) \cdot (a_2 + \mathbf{i}b_2) = (a_1 a_2 - b_1 b_2) + \mathbf{i}(a_1 b_2 + b_1 a_2).$$

IN.: *complex numbers* [**3**, p. 2]. A cada número complejo $a + \mathbf{i}b$ le corresponde entonces un único punto (a, b) en el plano cartesiano. A este plano se le llama **plano complejo**. IN.: *complex plane.*

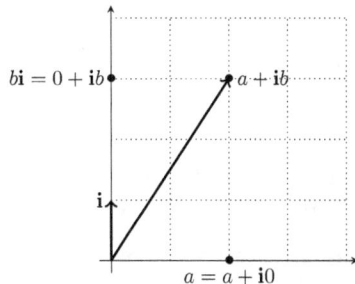

$\quad$ El conjunto de números complejos es un campo [**3**, p. 2 ss].

Complemento de un conjunto

Sea X un conjunto y A un subconjunto de X, el complemento de A en X es el conjunto formado por los elementos de X que no están en A, se denota por A^c. En otras palabras,

$$A^c = \{x \in X : x \notin A\}.$$

In.: *complement of a set* [**12**, p. 5, def. 2.7].

⊕[**12**, p. 5]:
1. Si A es cualquier conjunto entonces $\left(A^c\right)^c = A$.
2. Se cumple que $A \cap A^c = \emptyset$ y $A \cup A^c = X$, si A es un subconjunto de X.
3. Ya que $X \subset X$ para cualquier conjunto X entonces $X^c = \emptyset$ y $\emptyset^c = X$.
4. Si $A \subset B$ para cualesquiera dos subconjuntos A y B de X entonces $B^c \subset A^c$.

Complemento ortogonal

Sea V un espacio vectorial con un producto interno $\langle \cdot, \cdot \rangle$ y sea S un subespacio de V. El complemento ortogonal de S, se denota por $S^\perp$, y se define como el conjunto de elementos $v \in V$ tales que $\langle v, s \rangle = 0$, para todo $s \in S$. En otras palabras,

$$S^\perp = \{v \in V : \langle v, s \rangle = 0, \forall s \in S\}.$$

In.: *orthogonal complement* [**3**, p. 111].

✪ Sea V un espacio vectorial de dimensión finita con un producto interno. Sea S un subespacio de V.
1. El conjunto $S^\perp$ siempre es un subespacio de V.
2. Se cumple que $V^\perp = \{0\}$ y $\{0\}^\perp = V$.
3. Si $U \subset S$ entonces $S^\perp \subset U^\perp$.
4. Se satisface $\left(S^\perp\right)^\perp = S$ [**3**, p.112, cor. 6.33].
5. Además [**3**, p. 111, teo. 6.29]:

$$V = S^\perp \oplus S.$$

Completo, conjunto ortonormal

↪ « Ortonormal, conjunto ».

Componente de una matriz

↪ « Entrada de una matriz ».

Componente de un vector a lo largo de otro

↪ « Proyección ortogonal de un vector ».

Composición de funciones

Sean A, B y C conjuntos y sean $f : B \to C$ y $g : A \to B$ dos funciones. La composición de f con g es la función $f \circ g : A \to C$ (se lee f compuesta con g) definida como sigue:

$$(f \circ g)(x) = f(g(x)), \ \forall x \in A.$$

IN.: *composition of maps* [**12**, p. 12].

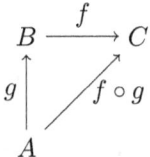

❉

1. Si $f : B \to C$ y $g : A \to B$ son dos funciones entonces para cualquier subconjunto U de C, se cumple que [**12**, p. 12, teo. 6.6]:
$$(f \circ g)^{-1}(U) = (g^{-1} \circ f^{-1})(U).$$

2. Si A y B son dos matrices que se pueden multiplicar entonces:
$$T_A \circ T_B = T_{AB}.$$

Condicional, proposición

Una proposición condicional es una afirmación del tipo:

« Si P entonces Q »

donde P y Q son dos proposiciones cualesquiera. En símbolos se escribe $P \Longrightarrow Q$. Otras formas de decir que « si P entonces Q » son las siguientes:

1. P implica Q.
2. P es una condición suficiente para Q.
3. Q es una condición necesaria para P.

IN.: *P implies Q, if P then Q, Q is necessary for P, P is sufficient for Q* [**24**, p. 12].

❂ De forma axiomática se satisface lo siguiente [**24**, p.12]:

1. Si P es falsa entonces $P \Longrightarrow Q$ es verdadera, independientemente del valor de verdad de Q.
2. $P \Longrightarrow Q$ es verdadera si P y Q son ambas verdaderas.
3. Si P es verdadera y Q es falsa entonces $P \Longrightarrow Q$ es falsa.

Congruentes, matrices
Sean A y B dos matrices cuadradas. Si existe una matriz S no-singular tal que

$$B = SAS^\star$$

se dice que A y B son $\star$-congruentes. Si

$$B = SAS^\top$$

entonces se dice que A y B son $\top$-congruentes. IN.: *$\star$-congruence, $\top$-congruence* [**19**, p. 220].

✪[**19**, p. 221 ss]:
1. Dos matrices $\star$-congruentes tienen el mismo rango. Lo mismo se puede decir de dos matrices o $\top$-congruentes.
2. Tanto la $\star$-congruencia como la $\top$-congruencia definen relaciones de equivalencias en el espacio de matrices cuadradas de las mismas dimensiones, esto es:
   (a) A es $\star$-congruente con A.
   (b) Si A es $\star$-congruente con B entonces B es $\star$-congruente con A.
   (c) Si A es $\star$-congruente con B y B es $\star$-congruente con C entonces A es $\star$-congruente con C.
   Lo mismo para la $\top$-congruencia.
3. Dos matrices autoadjuntas son $\star$-congruentes si y solo si tienen el mismo número de autovalores positivos, negativos y cero.
4. Sean A y B dos matrices simétricas (complejas o reales). Entonces A es $\top$-congruente con B si y solo si A y B tienen el mismo rango.

Conjugada de una matriz
Sea $A = (a_{ij})$ una matriz con entradas en $\mathbb{C}$. La conjugada de A es la matriz $\overline{A}$ que se obtiene sustituyendo cada elemento por su complejo conjugado. En otras palabras,

$$\overline{A} = \left(\overline{a_{ij}}\right).$$

IN.: *conjugate matrix* [**19**, p. 6].

✪
1. Sea A es una matriz con entradas en $\mathbb{C}$.
   (a) Se cumple que $\left(\overline{A}\right)^\top = A$ y además $\overline{A^\top} = \overline{A}^\top$.
   (b) Si α es un escalar entonces $\overline{\alpha A} = \overline{\alpha}\,\overline{A}$.

(c) Si A es invertible entonces $\overline{(A^{-1})} = \left(\overline{A}\right)^{-1}$.

2. Sean A y B matrices con entradas en $\mathbb{C}$.

(a) Si A y B son de las mismas dimensiones entonces

$$\overline{(A+B)} = \overline{A} + \overline{B}.$$

(b) Si A y B se pueden multiplicar entonces $\overline{AB} = \overline{A}\,\overline{B}$ [**19**, p. 6].

Conjugado de un número complejo

Si $z = a + b\mathbf{i}$ es un número complejo, su conjugado se define y se denota como sigue:

$$\overline{z} = a - \mathbf{i}b.$$

IN.: *complex conjugate of z* [**1**, p. 7].

✪[**1**, p. 7 ss]:

1. Sea z es un número complejo. Se satisface lo siguiente:

(a) $z\overline{z} = |z|^2$.

(b) $\operatorname{Re} z = \dfrac{z + \overline{z}}{2}$.

(c) $\operatorname{Im} z = \dfrac{z - \overline{z}}{2\mathbf{i}}$.

2. Si z_1 y z_2 son números complejos entonces $\overline{z_1 + z_2} = \overline{z_1} + \overline{z_2}$ y $\overline{z_1 \cdot z_2} = \overline{z_1} \cdot \overline{z_2}$. En particular, si n es un número natural, para todo $z \in \mathbb{C}$:

$$\overline{nz} = n\overline{z} \quad \text{y} \quad \overline{z^n} = \overline{z}^n.$$

Conjugado de un vector

Sea $\mathbb{K}$ un campo y $x = (x_1, x_2, \ldots, x_n)^\top \in \mathbb{K}^n$. El vector conjugado de x se define como el vector

$$\overline{x} = (\overline{x_1}, \overline{x_2}, \ldots, \overline{x_n})^\top.$$

IN.: *conjugate vector* [**10**, p. 10].

Conjunto

« Un conjunto es una reunión en un todo de objetos bien definidos y separados en nuestra intuición o en nuestra mente » (*Georg Cantor*, traducción del autor) [**8**, p. 85]. IN.: *set.*

Conjunto vacío

Para cada conjunto A, el subconjunto vacío $\emptyset_A$ de A, es el conjunto $\{x \in A : x \neq x\}$. Este conjunto, para cualquier A, no tiene algún elemento; puesto que para todo $x \in A$, $x = x$. Si B es otro conjunto cualquiera entonces $\emptyset_A = \emptyset_B$, por tanto, solo hay un subconjunto vacío. A este conjunto se le llama conjunto vacío, se denota por $\emptyset$. IN.: *empty set, null set* [**12**, p. 2].

❂ Para todo conjunto A, $\emptyset \subset A$ [**12**, p. 2, §2].

Consistente, sistema de ecuaciones

Sea A una matriz de $m \times n$ con entradas en un campo $\mathbb{K}$ y sea $b = (b_1, b_2, \ldots b_m)^\top$ un vector de $\mathbb{K}^m$. Se dice que un sistema de ecuaciones lineales

$$Ax = b$$

es consistente si tiene al menos una solución. Es decir, si existe al menos un $x = (x_1, x_2, \ldots, x_n)^\top$ en $\mathbb{K}^n$ que satisface la ecuación en cuestión. IN.: *consistent system of linear equations* [**4**, p. 74].

❂ Sea A una matriz de $m \times n$ con entradas en $\mathbb{K}$ y $b \in \mathbb{K}^m$ dado. Se cumple lo siguiente [**4**, pp. 71 ss]:
1. El sistema de ecuaciones $Ax = 0$ tiene una solución no-trivial (distinta del vector cero de $\mathbb{K}^n$) si y solo si ran $A < n$.
2. Si A es una matriz en forma escalonada reducida y $r = $ ran A entonces el sistema $Ax = b$ es consistente si y solo si

$$b_{r+1} = \cdots = b_m = 0.$$

3. Si ran $A = m$ entonces $Ax = b$ es consistente.
4. El sistema de ecuaciones $Ax = b$ tiene solución única si y solo si es consistente y ran $A = n$.

Convexo, conjunto

Sea V un espacio vectorial. Se dice que un subconjunto C de V es convexo si para cualesquiera par de puntos v y w que están en C se cumple que el segmento que une a v y w también está contenido en C. IN.: *convex set* [**22**, p. 77].

❂[**22**, p. 79 ss]:
1. La intersección de dos conjuntos convexos es también un conjunto convexo.
2. Sean V y W espacios vectoriales sobre un mismo campo. Si $T \in \mathcal{L}(V, W)$ y $C \subset V$ es convexo entonces

$$T(C) \subset W$$

también es convexo.
3. Sea V un espacio vectorial sobre $\mathbb{R}$ y $L \in V^\star$. El conjunto de vectores $v \in V$ tales que $L(v) < 0$ es convexo.

Coordenada de un vector

Sea V un espacio vectorial de dimensión n sobre $\mathbb{K}$. La coordenada de un vector v en V respecto a una base $\mathbf{B} = \{v_1, v_2, \ldots, v_n\}$ es la única n-tupla

$$(\alpha_1, \alpha_2, \ldots, \alpha_n) \in \mathbb{K}^n$$

tal que

$$v = \alpha_1 v_1 + \alpha_2 v_2 + \cdots \alpha_n v_n.$$

IN.: *coordinate vector of a vector* [**22**, p. 12].

✪ Sea V un espacio vectorial sobre un campo $\mathbb{K}$ de dimensión n y sea $\mathbf{B}$ una base para V. La aplicación

$$\mathbf{I_B} : V \to \mathbb{K}^n$$

que a cada vector v le asocia su coordenada respecto a $\mathbf{B}$ es una transformación lineal. Más aún es un isomorfismo. En particular todo espacio vectorial de dimensión n sobre $\mathbb{K}$ es isomorfo a $\mathbb{K}^n$ [**3**, p. 55].

Cramer, regla

Sean $C^1, C^2, \ldots, C^n$ columnas de una matriz cuadrada con entradas en un campo $\mathbb{K}$ tales que

$$\det(C^1 \ C^2 \ \cdots \ C^n) \neq 0.$$

Sea B un elemento de $\mathbb{K}^n$ visto como columna. Si $x_1, x_2 \ldots, x_n$ son escalares tales que

$$x_1 C^1 + x_2 C^2 + \cdots + x_n C^n = B,$$

entonces la regla de Cramer nos dice que para cada $j = 1, 2, \ldots, n$ se tiene que:

$$x_j = \frac{\det(C^1 \ C^2 \ \cdots B \ \cdots \ C^n)}{\det(C^1 \ C^2 \ \cdots \ C^n)},$$

donde B es una columna que reemplaza a C^j en el lugar j. IN.: *Cramer's rule* [**22**, p. 47].

Cuadrada, matriz

Se dice que una matriz es cuadrada si tiene el mismo número de reglones que de columnas, es decir, si tiene la siguiente forma:

$$\begin{pmatrix} a_{11} & a_{12} & \cdots & a_{1n} \\ a_{21} & a_{22} & \cdots & a_{2n} \\ \vdots & \vdots & & \vdots \\ a_{n1} & a_{n2} & \cdots & a_{nn} \end{pmatrix}.$$

IN.: *square matrix* [**22**, p. 24].

Cuadrática, forma asociada a una forma bilineal simétrica

Sea V un espacio vectorial sobre un campo $\mathbb{K}$. Sea $g : V \times V \to \mathbb{K}$ una forma bilineal simétrica. Una aplicación $Q : V \to \mathbb{K}$ es una forma cuadrática asociada a g, si para todo $v \in V$:

$$Q(v) = g(v, v).$$

IN.: *quadratic form determined by a symmetric bilinear form* [**22**, p. 132].

✪

1. Sea V un espacio vectorial sobre un campo $\mathbb{K}$.
   (a) Para todo $\alpha \in \mathbb{K}$ y $v \in V$:

   $$Q(\alpha v) = \alpha^2 Q(v).$$

   (b) Si Q es una forma cuadrática asociada a una forma bilineal simétrica g entonces [**22**, p. 133]:

   $$g(u, w) = \frac{1}{2} \left(Q(u + w) - Q(u) - Q(w) \right).$$

   (c) Para cada forma cuadrática $Q : V \to \mathbb{R}$ existe una única forma bilineal simétrica g tal que $Q(v) = g(v, v)$, para todo $v \in \mathbb{R}$. Debido a este hecho, se define la **matriz (real) asociada a la forma cuadrática** Q, como la matriz asociada a la forma bilineal g que define a Q. IN.: *matrix of a real quadratic form* [**6**, p. 132, teo. 9.3].

2. Dada una forma cuadrática $Q : \mathbb{R}^n \to \mathbb{R}$, si A es la matriz asociada a Q y λ es un autovalor de A entonces existen números reales $x_1, x_2, \ldots, x_n$ no todos cero, tales que [**6**, p. 133]:

   $$Q(x_1, x_2, \ldots, x_n) = \lambda \sum_{i=1}^{n} x_i^2.$$

3. Sea V un espacio vectorial sobre $\mathbb{R}$ de dimensión n y Q una forma cuadrática sobre V. Existe una base $\mathbf{B} = \{v_1, v_2, \ldots, v_n\}$ de V tal que si $v = \alpha_1 v_1 + \alpha_2 v_2 + \cdots + \alpha_n v_n$ entonces:

   $$Q(v) = \alpha_1^2 + \cdots + \alpha_k^2 - \alpha_{k+1}^2 - \cdots - \alpha_{k+s}^2.$$

   Además, los números naturales k y s no dependen de $\mathbf{B}$ [**6**, p. 135, teo. 9.5].

Cuadrática, forma asociada a una matriz

Sea $A = (a_{ij})$ una matriz cuadrada de $n \times n$ con entradas en un campo $\mathbb{K}$. A la función $Q : \mathbb{K}^n \to \mathbb{K}$ definida para $x = (x_1, x_2, \ldots, x_n)^\top$ en $\mathbb{K}^n$ por

$$Q(x) = x^\top A x = \sum_{i,j=1}^{n} a_{ij}\, x_i\, x_j$$

se le llama forma cuadrática asociada a A. IN.: *quadratic form associated with a matrix* [**22**, p. 214].

◉ Sean A una matriz real y simétrica de dimensiones $n \times n$, Q la forma cuadrática asociada a A y $\| \cdot \|$ la norma euclidiana en $\mathbb{R}^n$. Sea v un punto en la esfera unidad de $\mathbb{R}^n$, $S = \{x \in \mathbb{R}^n : \|x\| = 1\}$. Si $Q(v) \geq Q(x)$, para todo $x \in S$ entonces v es un autovector de A, i. e. existe $\lambda \in \mathbb{R}$ tal que $Av = \lambda v$ [**22**, p. 215]. Además, el valor máximo de Q sobre S es el mayor autovalor de A [**22**, p. 217].

Cuerpo

$\hookrightarrow$ « Campo ».

D

De Moivre, fórmula

Sea $z = \cos\theta + \mathbf{i}\operatorname{sen}\theta$ un número complejo en su forma polar. Para todo n natural se cumple que:

$$z^n = \cos n\theta + \mathbf{i}\operatorname{sen} n\theta.$$

IN.: *De Moivre's formula* [**1**, p. 15] .

De Morgan, leyes

Sean A y B dos conjuntos, se cumple lo siguiente:

$$(A \cup B)^c = A^c \cap B^c,$$
$$(A \cap B)^c = A^c \cup B^c.$$

IN.: *De Morgan's laws* [**12**, p. 5, teo. 2.10].

Definida negativa, matriz

Sea A una matriz cuadrada. Se dice que A es una matriz definida negativa si la matriz $-A$ es definida positiva. IN.: *negative-definite matrix* [**19**, p. 397].

Definido negativo, operador

Sea V un espacio vectorial sobre un campo $\mathbb{K}$. Sea $\langle \cdot, \cdot \rangle$ un producto interno definido en V. Un operador $T \in \mathscr{L}(V)$ se dice que es definido negativo si $-T$ es un operador definido positivo. IN.: *negative-definite operator.*

Definida positiva, matriz compleja

Sea A una matriz compleja de $n \times n$. Se dice que A es una matriz definida positiva, si:

1. Es autoadjunta.
2. Para $x = (x_1, x_2, \ldots, x_n)^\top \in \mathbb{C}^n$ distinto de cero:

$$x^\star A x > 0.$$

IN.: *(Hermitian) positive-definite matrix.* Si para $x = (x_1, x_2, \ldots, x_n)^\top$ en $\mathbb{C}^n$ el escalar $x^\star A x$ es un número real entonces A es un matriz autoadjunta [**19**, p. 397]. Por tanto, no es necesario el primer requerimiento de la definición.

✪[**19**, p. 398 ss, p. 480 ss] [**6**, p. 124 ss]:

1. Sea A una matriz A compleja. Las siguientes afirmaciones son equivalentes:
   (a) La matriz A es definida positiva.
   (b) La matriz A es autoadjunta y todos los autovalores de A son números reales positivos.
   (c) Existe una matriz invertible y autoadjunta B con:

$$B^2 = A.$$

   (d) Existe una matriz C invertible tal que $C^\star C = A$.
2. Si A es una matriz definida positiva entonces $\det A$, $\operatorname{tr} A$ y todos sus menores principales son números reales positivos. En particular toda matriz definida positiva es invertible.
3. Si A es definida positiva entonces también lo son las matrices $\overline{A}$, $A^\top$, $A^\star$ y A^{-1}.
4. Si $A = (a_{ij})$ y $B = (b_{ij})$ son matrices definidas positivas de $n \times n$ entonces $A + B$ es definida positiva y

$$\det(A + B) \geq \det A + \det B.$$

   Además, se cumple que

$$(\det A)(\det B) \leq \prod_{i=1}^{n} a_{ii} \prod_{i=1}^{n} b_{ii}.$$

   y

$$(\det(A + B))^{\frac{1}{n}} \geq (\det A)^{\frac{1}{n}} + (\det B)^{\frac{1}{n}}.$$

5. Sea A una matriz cuadrada. Si $B = \frac{1}{2}(A+A^\star)$ es definida positiva entonces $\det B \leq |\det A|$.

6. *Representación de productos internos.* Sean V un espacio vectorial sobre $\mathbb{C}$ y $\mathbf{B} = \{v_1, v_2, \ldots, v_n\}$ una base de V. Sea $\mathbf{I_B} :$ $V \to \mathbb{C}^n$ la función que a cada $v \in V$ le asigna su coordenada respecto a la base $\mathbf{B}$.

   (a) Si A es una matriz definida positiva entonces la aplicación

   $$\langle v, w \rangle \mapsto \mathbf{I_B}(v)^\star \, A \, \mathbf{I_B}(w)$$

   define un producto interno sobre V [**4**, p. 310, prop. 7.2.5].

   (b) Si $\langle \cdot, \cdot \rangle$ es un producto interno sobre V entonces la matriz $A = \big(\langle v_i, v_j \rangle\big)$, $i, j = 1, 2, \ldots, n$ es positiva definida y safisface $\langle v, w \rangle = x^\star A y$ donde $x = \mathbf{I_B}(v)$, $y = \mathbf{I_B}(w)$. Además A es la única matriz con estas propiedades [**4**, p. 311, prop. 7.2.6 y cor. 7.2.7].

Definida positiva, matriz real

Sea A una matriz real de $n \times n$. Se dice que A es una matriz (real) definida positiva, si:

1. Es simétrica.
2. Para todo $x = (x_1, x_2, \ldots, x_n)^\top \in \mathbb{R}^n$ distinto de cero:

$$x^\top A x > 0.$$

IN.: *real positive-definite matrix* [**4**, p. 313]. A diferencia del caso complejo, en este caso es necesario el primer requerimiento de la definición [**19**, p. 397].

✪

1. Toda matriz real definida positiva es definida positiva en el sentido complejo. En otras palabras, si $x^\top A x > 0$ para todo $x \in \mathbb{R}^n$ distinto de cero entonces $y^\top A y > 0$ para todo $y \in \mathbb{C}^n$ distinto de cero [**4**, p. 313].

2. Una matriz real simétrica es definida positiva si y solamente si todos sus autovalores son positivos [**6**, p. 126].

3. *Representación de productos internos.* Sean V un espacio vectorial sobre $\mathbb{R}$ y $\mathbf{B} = \{v_1, v_2, \ldots, v_n\}$ una base del espacio vectorial V. Sea $\mathbf{I_B} : V \to \mathbb{R}^n$ la función que a cada $v \in V$ le asigna su coordenada respecto a la base $\mathbf{B}$.

   (a) Si A es una real matriz definida positiva entonces la aplicación

   $$\langle v, w \rangle \mapsto \mathbf{I_B}(v)^\top \, A \, \mathbf{I_B}(w)$$

define un producto interno sobre V [**4**, p. 310, prop. 7.2.5].

(b) Si $\langle\cdot,\cdot\rangle$ es un producto interno sobre V entonces la matriz $A = \big(\langle v_i, v_j\rangle\big)$, $i,j = 1,2,\ldots,n$ es positiva definida y safisface $\langle v, w\rangle = x^\top A y$ donde $x = \mathbf{I_B}(v)$, $y = \mathbf{I_B}(w)$. Además A es la única matriz con estas propiedades [**4**, p. 311, prop. 7.2.6 y cor. 7.2.7].

Definido positivo, operador

Sea V un espacio vectorial sobre un campo $\mathbb{K}$. Sea $\langle\cdot,\cdot\rangle$ un producto interno definido en V. Un operador $T \in \mathscr{L}(V)$ se dice que es definido positivo si:

1. Es autoadjunto.
2. Para todo $v \in V$ distinto de cero, se cumple que $\langle T(v), v\rangle > 0$.

IN.: *positive-definite operator* [**6**, p. 123].

✪ Sea V un espacio vectorial sobre un campo $\mathbb{K}$ con un producto interno, se cumple lo siguiente [**6**, p. 125 ss]:

1. Sea $T \in \mathscr{L}(V)$. Las siguientes afirmaciones son equivalentes:
   (a) El operador T es definido positivo.
   (b) El operador T es autoadjunto y todos los autovalores de T son positivos.
   (c) Existe un operador invertible y autoadjunto $S \in \mathscr{L}(V)$ tal que $S^2 = T$.
   (d) Existe un operador invertible $H \in \mathscr{L}(V)$ tal que

$$H^\star H = T.$$

2. Si $T, S \in \mathscr{L}(V)$ son definidos positivos entonces el operador $T + S$ también es definido positivo. Además TS es definido positivo si y solo si $TS = ST$.
3. Si $T \in \mathscr{L}(V)$ es definido positivo entonces también lo es T^n, para cualquier n natural.
4. Si $T \in \mathscr{L}(V)$ es definido positivo entonces es invertible.

Definido positivo, producto escalar

Sea V un espacio vectorial sobre $\mathbb{R}$. Un producto escalar $\langle\cdot,\cdot\rangle$ sobre V es definido positivo si:

1. $\langle v, v\rangle \geq 0$ para todo v en V.
2. $\langle v, v\rangle > 0$ si $v \neq 0$.

IN.: *positive-definite scalar product* [**22**, p. 97].

Definido positivo, producto hermitiano

Sea V un espacio vectorial sobre $\mathbb{C}$. Un producto hermitiano $\langle\cdot,\cdot\rangle$ definido en V es definido positivo si:

1. Para todo v en V, $\langle v, v \rangle$ es real y además $\langle v, v \rangle \geq 0$.
2. Se cumple que $\langle v, v \rangle > 0$ si $v \neq 0$.

IN.: *Positive-definite Hermitian product* [**22**, p. 108].

Descomposición polar de un operador

Sea V un espacio vectorial con un producto interno. Si $T \in \mathscr{L}(V)$ entonces existe un operador unitario $S \in \mathscr{L}(V)$ tal que

$$T = S\sqrt{T^\star T}.$$

A la igualdad anterior se le conoce como la descomposición polar de T. IN.: *polar descomposition of an operator*, [**3**, p. 153].

✪ Sea V un espacio vectorial con un producto interno. Un operador $T \in \mathscr{L}(V)$ es invertible si y solo si existe un *único* operador unitario $S \in \mathscr{L}(V)$ tal que $T = S\sqrt{T^\star T}$ [**3**, p. 160].

Descomposición primaria, teorema

Sea V un espacio vectorial sobre un campo $\mathbb{K}$ y $T \in \mathscr{L}(V)$. Si los polinomios característico y mínimo de T admiten la siguiente descomposición

$$
\begin{aligned}
\mathbb{P}_T(z) &= p_1^{s_1}(z) \cdot p_2^{s_2}(z) \cdots p_m^{s_m}(z) \\
\mathbb{M}_T(z) &= p_1^{r_1}(z) \cdot p_2^{r_2}(z) \cdots p_m^{r_m}(z)
\end{aligned}
$$

respectivamente, donde los polinomios $p_1(z), p_2(z), \ldots, p_m(z)$ son distintos e irreducibles sobre $\mathbb{K}$. Entonces cada subespacio

$$V_i = \operatorname{Ker} p_i^{r_i}(T)$$

es invariante bajo T para $i = 1, 2, \ldots, m$ y además:

$$V = V_1 \oplus V_2 \oplus \cdots \oplus V_m.$$

Sea $\mathbf{B}_i$ una base de V_i. Se cumple que $\dim V_i = s_i \deg p_i$ y para la base $\mathbf{B} = \bigcup_{i=1}^n \mathbf{B}_i$ la matriz $(T)_\mathbf{B}$ es diagonal a bloques, es decir

$$
(T)_\mathbf{B} = \begin{pmatrix}
A_1 & 0 & \cdots & 0 \\
0 & A_2 & & \vdots \\
\vdots & & \ddots & 0 \\
0 & \cdots & 0 & A_m
\end{pmatrix}.
$$

Además, los polinomios característico y mínimo de $T|_{V_i}$ son $p_i^{s_i}(z)$ y $p_i^{r_i}(z)$, respectivamente. Si $\mathbb{K} = \mathbb{C}$ los polinomios característicos y mínimo de T admiten la descomposición del tipo:

$$\mathbb{P}_T(z) = (z - \lambda_1)^{\mu_1}(z - \lambda_2)^{\mu_2} \cdots (z - \lambda_m)^{\mu_m}$$
$$\mathbb{M}_T(z) = (z - \lambda_1)^{r_1}(z - \lambda_2)^{r_2} \cdots (z - \lambda_m)^{r_m}$$

donde $\lambda_1, \lambda_2, \ldots, \lambda_m$ son distintos autovalores de T. En este caso cada subespacio $V_i = \text{Ker}\,(T - \lambda_i I)^{r_i}$ es de dimensión μ_i (es decir, la multiplicidad algebraica de λ_i). En particular,

$$\text{Ker}\,(T - \lambda_i I)^{r_i} = \text{Ker}\,(T - \lambda_i I)^n.$$

IN.: *Primary Decomposition Theorem* [**6**, p. 40 ss].

Desigualdad del triángulo

↪ « Norma ».

Determinante de un operador

Sea V un espacio vectorial sobre $\mathbb{C}$. Se define y se denota el determinante del operador $T \in \mathscr{L}(V)$ como sigue:

$$\det T = \prod_{i=1}^{m} \lambda_i^{\mu_i},$$

donde $\lambda_1, \lambda_2, \ldots, \lambda_m$ son los distintos autovalores de T y μ_i es la multiplicidad algebraica de λ_i [**18**, p. 105].

Determinante de una matriz

La definición de determinante de una matriz cuadrada se hace de forma inductiva. Sea

$$A = \left(\begin{array}{cc} a_{11} & a_{12} \\ a_{21} & a_{22} \end{array} \right)$$

una matriz de 2×2 con entradas en un campo $\mathbb{K}$. Se define el determinante de A como sigue:

$$\det A = a_{11} a_{22} - a_{12} a_{21}.$$

Sea

$$A = \left(\begin{array}{cccc} a_{11} & a_{12} & \cdots & a_{1n} \\ a_{21} & a_{22} & \cdots & a_{2n} \\ \vdots & \vdots & & \vdots \\ a_{n1} & a_{n2} & \cdots & a_{nn} \end{array} \right)$$

una matriz de $n \times n$ con entradas en un campo $\mathbb{K}$ y $n \geq 3$. Sea A_{ij} la submatriz de $n-1 \times n-1$ que resulta al eliminar el i-ésimo renglón y la j-ésima columna de A. Para $i, j = 1, 2, \ldots, n$ sean:

$$D_c(A, i) = (-1)^{i+1} a_{i1} \det A_{i1} + \cdots + (-1)^{i+n} a_{in} \det A_{in},$$
$$D_r(A, j) = (-1)^{1+j} a_{1j} \det A_{1j} + \cdots + (-1)^{n+j} a_{nj} \det A_{nj}.$$

Se cumple que:

$$D_c(A, 1) = \cdots = D_c(A, n) = D_r(A, 1) = \cdots = D_r(A, n) = \Delta.$$

Al escalar Δ se le llama determiante de A y se denota por $\det A$. Otra notación: $|A|$. IN.: *determinant of a matrix* [**22**, p. 140 ss].

❂ Sea A una matriz cuadrada.

1. Determinantes y operaciones de pivoteo.
   (a) Si se considera la matriz B que resulta de efectuar la operación de pivoteo $R^i \leftrightarrow R^j$ a dos renglones (o columnas) R^i y R^j de A. Entonces [**22**, p. 150]:

   $$\det B = -\det A.$$

   (b) Si B es la matriz que resulta de aplicarle la operación de pivoteo $R^i \leftarrow R^i + \alpha R^j$ a dos renglones (o columnas) R^i y R^j de A. Se cumple que [**22**, p. 142]:

   $$\det B = \det A.$$

2. Las siguientes afirmaciones son equivalentes [**22**, p. 162, teo. 5.3]:
   (a) Se cumple que $\det A \neq 0$.
   (b) Las columnas de A son linealmente independientes.
   (c) Los renglones de A son linealmente independietes.
   (d) La matriz A es invertible.
3. Se cumple que $\det A = \det A^\top$ [**22**, p. 152].
4. Si B tienen las mismas dimensiones que A entonces [**3**, p. 233, teo. 10.31]:

   $$\det AB = \det BA = \det A \det B.$$

5. Si A es invertible entonces [**22**, p. 172]:

   $$\det A^{-1} = (\det A)^{-1}.$$

6. Si A es compleja entonces [**3**, p. 246] [**22**, p. 152]:

   $$\det(\overline{A}) = \det A^\star = \overline{\det A}.$$

7. Dos matrices similares tienen el mismo determinante.

8. Si A es una matriz triangular inferior (o triangular superior) entonces el determinante de A es el producto de las entradas de su diagonal.

9. Si A es una matriz de $n \times n$ y α es un escalar entonces [**22**, p. 150]:
$$\det \alpha A = \alpha^n \det A.$$

10. Sea $\mathbb{K}$ un campo. Sea
$$g : \mathbb{K}^n \times \cdots \times \mathbb{K}^n \to K$$
la aplicación que a cada $(C^1, C^2, \ldots, C^n)$ lo envía a $\det A$, donde A es la matriz cuadrada cuyas n columnas son precisamente $C^1, C^2, \ldots, C^n$. Entonces g es una forma multilineal alternante [**22**, p. 148 ss, teo. 2.3].

11. *Relación con los autovalores.* Si A es una matriz compleja,
$$\det A = \prod_{i=1}^{m} \lambda_i^{\mu_i},$$
donde $\lambda_1, \lambda_2, \ldots, \lambda_m$ son los distintos autovalores de T y μ_i es la multiplicidad algebraica de λ_i. Si además A es diagonalizable entonces μ_i es la multiplicidad geométrica de λ_i [**3**, p. 168 ss] [**19**, p. 42].

Diagonal, matriz

Una matriz diagonal es una matriz que tiene todas las entradas iguales a cero excepto en la diagonal, es decir, es de la siguiente forma:
$$\begin{pmatrix} a_{11} & 0 & \cdots & 0 \\ 0 & a_{22} & \ddots & \vdots \\ \vdots & \ddots & \ddots & 0 \\ 0 & \cdots & 0 & a_{mn} \end{pmatrix}.$$

IN.: *diagonal matrix* [**3**, p. 87].

Diagonal a bloques, matriz

Una matriz cuadrada se dice que es diagonal a bloques si es una matriz de la forma:
$$\begin{pmatrix} B_1 & 0 & \cdots & 0 \\ 0 & B_2 & & \vdots \\ \vdots & & \ddots & 0 \\ 0 & \cdots & 0 & B_m \end{pmatrix},$$

donde para cada $i = 1, 2, \ldots, m$, B_i (llamado bloque) es una matriz cuadrada. Los bloques no necesariamente tienen las mismas dimensiones. IN.: *block diagonal matrix*. [3, p. 142]. ↪ « Suma directa de matrices » y « Descomposición primaria, teorema ».

Diagonal de una matriz

Sea $A = \begin{pmatrix} a_{11} & a_{12} & \cdots & a_{1n} \\ a_{21} & a_{22} & \cdots & a_{2n} \\ \vdots & \vdots & \ddots & \vdots \\ a_{n1} & a_{n2} & \cdots & a_{nn} \end{pmatrix}$ una matriz cuadrada. La diago-

nal de A es el conjunto formado por los elemenos de la forma a_{ii}, con $i = 1, 2, \ldots, n$. IN.: *diagonal of a matrix* [3, p. 83].

Diagonalización de una matriz simétrica o normal

Sea A una matriz simétrica [normal] real [compleja] de $n \times n$ y sea **B** una base ortonormal de $\mathbb{R}^n$ [$\mathbb{C}^n$] respecto al producto punto real [complejo] que diagonaliza a T_A. Entonces la matriz $D = (T_A)_\mathbf{B}$ es una matriz diagonal. Si $\mathbf{B}'$ es la base canónica de $\mathbb{R}^n$ [$\mathbb{C}^n$] entonces la matriz,

$$N = (I)_{\mathbf{B}', \mathbf{B}}$$

es una matriz invertible y unitaria tal que:

$$A = N^{-1} D N.$$

IN.: *diagonalization of a matrix* [22, p. 222 ss].

Diagonalizable, matriz

Se dice que una matriz A con entradas en un campo $\mathbb{K}$ es diagonalizable si es similar a una matriz diagonal D con entradas en un campo $\mathbb{K}$, es decir, si existe una matriz invertible N con entradas en $\mathbb{K}$ tal que $A = N^{-1} D N$. IN.: *diagonable matrix*.

⊙ **Teorema espectral para matrices.**

1. *Caso real.* Si A es una matriz simétrica con entradas en $\mathbb{R}$ entonces es diagonalizable. Más aún, una matriz real A es simétrica si y solo si
$$A = U^\top D U$$
donde U es una matriz ortogonal real y D es una matriz real diagonal [6, p. 121].

2. *Caso complejo I.* Si A es una matriz normal con entradas en $\mathbb{C}$ entonces es diagonalizable. Más aún, una matriz A con entradas en $\mathbb{C}$ es normal si y solo si
$$A = U^\star D U$$

35

donde U es una matriz unitaria y D es una matriz diagonal [**6**, p. 119].

3. *Caso complejo II.* Una matriz A compleja es autoadjunta si y solo si

$$A = U^{\star}DU$$

donde U es una matriz unitaria y D es una matriz diagonal real [**19**, p. 171].

IN.: *Real or Complex Spectral Theorem.*

Diagonalizable, operador

Sea V un espacio vectorial sobre un campo $\mathbb{K}$. Un operador T en $\mathscr{L}(V)$ es diagonalizable si existe una base de V constituida por autovectores de T. IN.: *diagonable operator* [**22**, p. 93].

✪

1. Si $T \in \mathscr{L}(V)$ tiene $n = \dim V$ distintos autovalores entonces T es diagonalizable [**3**, p. 88].

2. Sean V un espacio vectorial n-dimensional, $T \in \mathscr{L}(V)$ un operador diagonalizable y $\lambda_1, \lambda_2, \ldots, \lambda_m$ autovalores distintos de T. Sea

$$\mathbf{B} = \{v_1, v_2, \ldots, v_n\}$$

cualquier base de V constituida por autovectores de T. La matriz $(T)_{\mathbf{B}}$ es una matriz de $n \times n$ donde cada entrada de la diagonal es un autovalor de T. Además, se puede reordenar y reetiquetar la base $\mathbf{B}$ de tal modo que $(T)_{\mathbf{B}}$ tenga la forma [**3**, p. 86, prop. 5.18]:

$$\begin{pmatrix} \lambda_1 & 0 & \cdots & \cdots & & & 0 \\ 0 & \ddots & & & & & \\ & & \lambda_1 & \ddots & & & \vdots \\ \vdots & & \ddots & \ddots & \ddots & & \vdots \\ \vdots & & & \ddots & \lambda_m & & \\ & & & & & \ddots & 0 \\ 0 & & \cdots & \cdots & & 0 & \lambda_m \end{pmatrix}$$

Cada λ_i aparece repetido $\nu_i = \dim \mathrm{Ker}\,(T - \lambda_i I)$ veces. En este caso ν_i es la multiplicidad geométrica y la multiplicidad algebraica de λ_i [**3**, p. 168].

3. Sea V un espacio vectorial de dimensión n y sea $T \in \mathscr{L}(V)$ con

$$\lambda_1, \lambda_2, \ldots, \lambda_m$$

autovalores distintos. Entonces las siguientes afirmaciones son equivalentes [**3**, p. 89]:

    (a) Existe una base $\mathbf{B} = \{v_1, v_2, \ldots, v_n\}$ de V constituida por autovectores de T tal que $(T)_{\mathbf{B}}$ es una matriz diagonal.

    (b) Existen subespacios $V_i = \text{span}\ \{v_i\}$, $i = 1, 2, \ldots, n$, invariantes bajo T, tales que

$$V = V_1 \oplus V_2 \oplus \cdots \oplus V_n.$$

    (c) Se cumple que:

$$V = \text{Ker}\ (T - \lambda_1 I) \oplus \text{Ker}\ (T - \lambda_2 I) \oplus \cdots \oplus \text{Ker}\ (T - \lambda_m I).$$

4. *Relación con el polinomio mínimo.* $\hookrightarrow$ « Polinomio mínimo de una matriz o un operador ».

5. *Relación con las matrices diagonalizables.*

    (a) Sea V un espacio vectorial y $\mathbf{B}$ una base de V *cualquiera*. Entonces $T \in \mathscr{L}(V)$ es un operador diagonalizable si y solo si $(T)_{\mathbf{B}}$ es una matriz diagonalizable [**22**, p. 93, teo. 3.7].

    (b) Sea A una matriz de $n \times n$ con entradas en $\mathbb{K}$. Ya que $(T_A)_{\mathbf{B}'} = A$ donde $\mathbf{B}'$ es la base canónica de $\mathbb{K}^n$ entonces $T_A \in \mathscr{L}(\mathbb{K}^n)$ es un operador diagonalizable si y solo si A es una matriz diagonalizable.

6. **Teorema espectral para operadores.**

    (a) *Caso real.* Sea V un espacio vectorial definido en $\mathbb{R}$ con producto interno. Todo operador T en $\mathscr{L}(V)$ es un operador autoadjunto si y solo si es diagonalizable a través de una base ortonormal de autovectores de T [**3**, p. 136, teo. 7.13].

    (b) *Caso complejo I.* Sea V un espacio vectorial definido en $\mathbb{C}$ con producto interno. Todo operador T en $\mathscr{L}(V)$ un operador normal si y solo si es diagonalizable a través de una base ortonormal de autovectores de T [**3**, p. 133, teo. 7.9].

    (c) *Caso complejo II.* Sea V un espacio vectorial definido en $\mathbb{C}$ con producto interno. Un operador $T \in \mathscr{L}(V)$ es autoadjunto si y solo si es diagonalizable a través de una base ortonormal de autovectores de T y todos sus autovalores son reales.

    IN.: *Real or Complex Spectral Theorem.*

Diferencia entre conjuntos

Sean A y B dos conjuntos. El conjunto diferencia entre A y B es el conjunto denotado por $A \setminus B$ (se lee A menos B) formado por los elementos de A que no están en B. En otras palabras,

$$A \setminus B = \{x \in A : x \in A \land x \notin B\}.$$

IN.: *difference between A and B, A minus B* [**26**, p. 10].

✪ Si A, B y C son conjuntos entonces [**26**, p. 10]:
1. $A \setminus (B \cup C) = (A \setminus B) \cap (A \setminus C)$, y
2. $A \setminus (B \cap C) = (A \setminus B) \cup (A \setminus C)$.

Dimensión vectorial

Sea V un espacio vectorial sobre un campo $\mathbb{K}$. Si V admite una base con n elementos entonces la dimensión de V es n:

$$\dim V = n.$$

Como dos bases de un mismo espacio vectorial tienen el mismo número de elementos entonces $\dim V$ está bien definida. En este caso se dice que V tiene dimensión finita. Si V no admite ninguna base (según la definición de este atlas) se dice que tiene dimensión infinita. Por convención la dimensión del espacio vectorial $\{0\}$ es cero. IN.: *dimension of a vector space* [**3**, p. 31]. *En este atlas trataremos solo espacios vectoriales de dimensión finita y distintos del* $\{0\}$.

✪
1. Se cumple que $\dim \mathbb{K}^n = n$.
2. Si V es un espacio vectorial con $\dim V = m$ y W es un espacio vectorial con $\dim W = n$ entonces [**3**, p. 57]:

$$\dim \mathscr{L}(V, W) = \dim \mathrm{Mat}_{m \times n}(\mathbb{K}) = nm$$

3. Sea $T : V \to W$ una transformación lineal, se cumple [**3**, p. 45, teo. 3.4]:

$$\dim V = \dim \mathrm{Ker}\, T + \dim \mathrm{Ran}\, T.$$

4. Si U y W son subespacios de un espacio vectorial V entonces [**3**, p. 33]:

$$\dim U + \dim W = \dim (U + W) + \dim (U \cap W).$$

5. Sean V y W espacios vectoriales sobre un campo $\mathbb{K}$. Entonces [**22**, p. 46]:
   (a) Si $\dim V > \dim W$ entonces *no* existe ninguna transformación lineal $T \in \mathscr{L}(V, W)$ inyectiva.

(b) Si dim V < dim W entonces *no* existe ninguna transformación lineal $T \in \mathscr{L}(V, W)$ sobre.

6. Todos los espacios vectoriales de dimensión n sobre un campo $\mathbb{K}$ son isomorfos a $\mathbb{K}^n$ [**18**, p. 15].

7. Si W y V tienen la misma dimensión y W es un subespacio de V entonces $W = V$ [**18**, p. 19].

8. Dado un subespacio W de un espacio vectorial V tal que dim W < dim V, existe una base de V:

$$\{x_1, x_2, \ldots, x_m, x_{m+1}, \cdots, x_n\},$$

tal que $\{x_1, x_2, \ldots, x_m\} \subset W$ y por tanto es una base de W [**18**, p. 19].

Dimensiones de una matriz

$\hookrightarrow$ « Matriz ».

Divisor de un polinomio

Sea $p(z)$ un polinomio. Se dice que un polinomio $d(z)$ es un divisor de $p(z)$ si existe otro polinomio $q(z)$ tal que $p(z) = d(z)q(z)$, en este caso se dice que $d(z)$ divide a $p(z)$. IN.: *divisor of a polynomial, $d(z)$ divides $p(z)$* [**22**, p. 250].

Domino e imagen de una función

Sean A y B dos conjunto y $f \subset A \times B$ una función. El dominio de f es el conjunto de todos los $a \in A$ para los cuales existe $f(a) \in B$. Al dominio de f se le suele denotar por D_f. La imagen de f es el conjunto $\text{Im}_f = \{f(a) : a \in D_f\} \subset B$. IN.: *domain of f, image of f*. SIN.(S): codominio, rango. Además, si $A = D_f$ se escribe:

$$f : A \to B.$$

Otra notación para la función f sin mencionar explícitamente a su dominio y a su imagen es:

$$a \mapsto f(a).$$

En este caso se dice que « f es la función que a cada $a \in D_f$ le corresponde $f(a) \in \text{Im}_f$ ». IN.: *domain, image or range* [**12**, p. 10 ss].

Dual, base y espacio vectorial

$\hookrightarrow$ « Espacio dual de un espacio vectorial ».

E

e. g.

Es la abreviación del latín *exempli gratia*, expresión que significa «por ejemplo».

Eigenvalores y eigenvectores de un operador

↪ « Autovalores y autovectores de un operador ».

Eigenvalores y eigenvectores de una matriz

↪ « Autovalores y autovectores de una matriz ».

Eliminación Gauss-Jordan

El término « eliminación de Gauss-Jordan » se refiere al proceso de aplicarle a una matriz operaciones de pivoteo para transformarla en una matriz en forma escalonada reducida. IN.: *Gauss-Jordan elimination*. ↪ « Pivoteo, operaciones en una matriz » [**34**, cap. 2].

Eliminación gaussiana

El término eliminación gaussiana se refiere al proceso de aplicarle a una matriz cuadrada operaciones de pivoteo para transformarla en una matriz en forma escalonada para resolver un sistema de ecuaciones lineales del tipo $Ax = b$ donde $A = (a_{ij})$ es una matriz cuadrada de $n \times n$ y $b = (b_1, b_2, \ldots, b_n)^\top$. Más precisamente, para resolver el sistema de ecuaciones

$$\begin{aligned}
a_{11}x_1 + a_{12}x_2 + \cdots + a_{1n}x_n &= b_1 \\
a_{21}x_1 + a_{22}x_2 + \cdots + a_{2n}x_n &= b_2 \\
&\vdots \\
a_{n1}x_1 + a_{n2}x_2 + \cdots + a_{nn}x_n &= b_n
\end{aligned}$$

primero se representa el sistema lineal de ecuaciones a través de la siguiente matriz

$$M = \begin{pmatrix} a_{11} & a_{12} & \cdots & a_{1n} & b_1 \\ a_{21} & a_{22} & \cdots & a_{2n} & b_2 \\ \vdots & \vdots & & \vdots & \vdots \\ a_{n1} & a_{n2} & \cdots & a_{nn} & b_n \end{pmatrix} = \begin{pmatrix} R^1 \\ R^2 \\ \vdots \\ R^3 \end{pmatrix}.$$

El método de eliminación gaussiana consiste en llevar a cabo los siguientes pasos, para $i = 1, 2, \ldots, n-1$.

1. Si $a_{ii} \neq 0$ entonces para todo $j = i+1, 2, \ldots, n$ se efectúa la operación de pivoteo de tipo 3:

$$R^j \leftarrow R^j + \frac{a_{ji}}{a_{ii}} R^i$$

2. Si $a_{ii} = 0$ se busca la primera entrada a_{ji} en la columna i debajo de a_{ii} diferente de cero.

   (a) Si se encuentra la entrada distinta de cero entonces se intercambian los renglones involucrados. Es decir, se realiza la operación de pivoteo tipo 1:

$$R^i \leftrightarrow R^j$$

   y se repite el primer paso, ahora con la nueva matriz.

   (b) Si no hay alguna entrada distinta de cero debajo de a_{ii} significa que el sistema no tiene solución o no tiene solución única.

En caso de tener éxito, la matriz M se ha transformado en una matriz escalonada.

$$M' = \begin{pmatrix} a_{11}' & a_{12}' & \ldots & a_{1n}' & b_1' \\ 0 & a_{22}' & \ldots & a_{2n}' & b_2' \\ \vdots & \vdots & & \vdots & \vdots \\ 0 & 0 & \cdots & a_{nn}' & b_n' \end{pmatrix}$$

Los sistemas de ecuaciones que representan M y M' son equivalentes. Por tanto, para resolver $Ax = b$ basta resolver el sistema $A'x = b'$ donde

$$A' = \begin{pmatrix} a_{11}' & a_{12}' & \ldots & a_{1n}' \\ 0 & a_{22}' & \ldots & a_{2n}' \\ \vdots & \vdots & & \vdots \\ 0 & 0 & \cdots & a_{nn}' \end{pmatrix}$$

y $b' = (b_1', b_2', \ldots, b_n')^\top$. Este último sistema se puede resolver mediante una sustitución para atrás. IN.: *Gaussian elimination*. [**4**, p. 57 ss].

Entrada de una matriz

Si $A = (a_{ij})$, $i = 1, 2, \ldots, m$ y $j = 1, 2, \ldots, n$ es una matriz, a a_{ij} se le llama ij-entrada de A (o simplemente entrada de A). Si a_{ij} es un número real [complejo], se dice que es una entrada real [compleja]. SIN.(S): componente de una matriz. IN.: *component of a matrix* [**22**, p. 23].

Envoltura convexa

Sea V un espacio vectorial y sea $U = \{v_1, v_2, \ldots v_n\}$ un conjunto de vectores en V. Al conjunto de combinaciones lineales de la forma $t_1 v_1 + t_2 v_2 + \cdots + t_n v_n$, donde cada escalar $t_i \geq 0$, para $i = 1, 2, \ldots, n$ y además $t_1 + t_2 + \cdots + t_n = 1$, se le llama envoltura convexa de U. IN.: *convex hull* [**27**, p. 65 ss].

⊙ Sea V un espacio vectorial y $U = \{v_1, v_2, \ldots v_n\} \subset V$.

1. La envoltura convexa de U es el menor conjunto convexo que lo contiene, en otras palabras:
   (a) La envoltura convexa de U es un conjunto convexo que contiene a U [**22**, p. 77, teo. 5.1].
   (b) Sea C un subconjunto convexo de V que contiene a U. Entonces C también contiene a la envoltura convexa de U [**22**, p. 79, teo. 5.2].
2. La envoltura convexa de U es la intersección de todos los conjuntos convexos que contienen a U [**27**, p. 66].

Equivalentes, normas

Sean $\| \cdot \|$ y $\|\!\|\cdot\|\!\|$ dos normas de un espacio vectorial V. Se dice que $\| \cdot \|$ y $\|\!\|\cdot\|\!\|$ son equivalentes si existen dos números positivos m y M tales que, para todo $v \in V$:

$$m\|v\| \leq \|\!\|v\|\!\| \leq M\|v\|.$$

IN.: *equivalent norms* [**27**, p. 5].

⊙ Si V es un espacio vectorial (de dimensión finita) entonces todas las normas definidas sobre él son equivalentes entre sí. En particular, todas las normas de $\mathbb{R}^n$ son equivalentes [**27**, p. 5, 1.5.2].

Equivalentes, proposiciones

Se dice que dos proposiciones P y Q son (lógicamente) equivalentes si las afirmaciones « P implica Q » y « Q implica P » son ciertas. Se escribe,

$$P \iff Q.$$

Otras formas usuales de decir que P y Q son equivalentes son las siguientes:

1. P **si y solo si** Q.
2. P es una condición necesaria y suficiente para Q.
3. Q es una condición necesaria y suficiente para P.

IN.: *P if and only if Q, P is logically equivalent to P* [**12**, p. xvi].

Equivalentes, sistemas de ecuaciones lineales

Se dice que dos sistemas de ecuaciones

$$Ax = b \quad \text{y} \quad A'x = b'$$

son equivalentes si tienen el mismo conjunto de soluciones. IN.: *equivalent systems of linear equations* [**4**, p. 44].

✿ Sea

$$M = (A|b) = \begin{pmatrix} a_{11} & a_{12} & \ldots & a_{1n} & b_1 \\ a_{21} & a_{22} & \ldots & a_{2n} & b_2 \\ \vdots & \vdots & & \vdots & \vdots \\ a_{m1} & a_{m2} & \cdots & a_{mn} & b_m \end{pmatrix}$$

una matriz que representa al sistema $Ax = b$. Si $M' = (A'|b')$ es una matriz que se obtiene después de aplicarle a M un número finito de operaciones de pivoteo, donde A' es una matriz de $m \times n$ y b' es un vector m-dimensional entonces los sistemas $Ax = b$ y $A'x = b'$ son equivalentes [**4**, p. 54, teo. 2.2.4].

Escalar

Un escalar es un elemento de un campo. En este atlas un escalar es simplemente un número real o un número complejo. IN.: *scalar* [**3**, p. 3].

Escalar, matriz

Una matriz escalar es una matriz de la forma αI, donde α es un escalar. IN.: *scalar matrix* [**19**, p. 6].

Escalar, producto

↪ « Producto escalar ».

Escalonada, forma de una matriz

Se dice que una matriz está en forma escalonada si:

1. Todos los renglones con al menos una entrada distinta de cero están por encima de los renglones que constan de solo ceros.
2. El pivote de cada renglón, si existe, está estrictamente a la derecha de los pivotes en relación a los renglones que están por encima de él.

IN.: *row echelon form* [**25**, p. 44].

$$
\begin{pmatrix}
p_1 & \star & \star & \star & \star & \star & \cdots & \star \\
0 & 0 & p_2 & \star & \star & \star & \cdots & \star \\
\vdots & \vdots & \vdots & \vdots & \vdots & \vdots & & \vdots \\
0 & 0 & 0 & 0 & p_n & \star & \cdots & \star \\
0 & 0 & 0 & 0 & 0 & 0 & \cdots & 0 \\
\vdots & \vdots & \vdots & \vdots & \vdots & \vdots & & \vdots \\
0 & 0 & 0 & 0 & 0 & 0 & \cdots & 0
\end{pmatrix}
$$

◉ Toda matriz A se puede transformar en otra matriz B en forma escalonada a través de operaciones de pivoteo [**25**, cap. 2].

Escalonada reducida, forma de una matriz

Se dice que una matriz está en forma escalonada reducida si:
1. Está en forma escalonada.
2. Todo pivote es igual a 1.
3. Todo pivote es el único elemento no cero de su correspondiente columna.

IN.: *reduced echelon form, row canonical form* [**25**, p. 48].

$$
\begin{pmatrix}
1 & \star & 0 & 0 & 0 & \star & \cdots & \star \\
0 & 0 & 1 & 0 & 0 & \star & \cdots & \star \\
\vdots & \vdots & \vdots & \vdots & \vdots & \vdots & & \vdots \\
0 & 0 & 0 & 0 & 1 & \star & \cdots & \star \\
0 & 0 & 0 & 0 & 0 & 0 & \cdots & 0 \\
\vdots & \vdots & \vdots & \vdots & \vdots & \vdots & & \vdots \\
0 & 0 & 0 & 0 & 0 & 0 & \cdots & 0
\end{pmatrix}
$$

◉ Toda matriz A se puede transformar en otra matriz B en forma escalonada reducida a través de operaciones de pivoteo [**25**, cap. 2]. La forma escalonada reducida de una matriz es única.

Espacio cociente de un espacio vectorial

Sea V un espacio vectorial sobre un campo $\mathbb{K}$ y S un subespacio de V. Sea **R** la relación de equivalencia sobre V:

$$x\mathbf{R}y \text{ si y solo si } x - y \in S.$$

El espacio cociente de V respecto a S se denota por V/S y es el conjunto cociente $V/_\mathbf{R} = \{[v] : v \in V\}$ con la siguiente suma y multiplicación por escalar, definidas para todo $[v]$ y $[w]$ en V/S y $\alpha \in \mathbb{K}$

como sigue:

$$[v] + [w] = [v + w]$$
$$\alpha[v] = [\alpha v]$$

A la clase de equivalencia $[v]$ se le suele denotar por $v + S$. A este espacio siempre se le considera con la norma cociente. IN.: *quotient space of V modulo S*.

❂[**18**, p. 34]:
1. Un espacio cociente es un espacio vectorial con la suma y multiplicación por escalar descritos anteriormente.
2. Se cumple que dim $V/S = $ dim $V - $ dim S.

Espacio dual de un espacio vectorial

Sea V un espacio vectorial sobre un campo $\mathbb{K}$. El espacio dual es el espacio de todas las transformaciones lineales $f : V \to \mathbb{K}$. Se denota por $V^\star$. En otras palabras,

$$V^\star = \mathscr{L}(V, \mathbb{K}).$$

IN.: *dual space of a vector space*. Si $\mathbf{B} = \{v_1, v_2, \ldots v_n\}$ es una base del espacio vectorial V entonces existe una única base

$$\mathbf{B}^\star = \{f_1, f_2, \ldots, f_n\}$$

de $V^\star$ —llamada **base dual** de V— tal que

$$f_j(v_i) = \left\{ \begin{array}{ll} 1, & \text{si } i = j; \\ 0, & \text{si } i \neq j. \end{array} \right.$$

IN.: *dual basis of a basis* [**18**, p. 20 ss].

❂
1. Todo espacio vectorial V de dimensión finita es isomorfo a su dual V^* [**3**, p. 55].
2. Para todo $v \neq 0$ de un espacio vectorial V existe un $f \in V^\star$ tal que $f(v) \neq 0$ [**18**, p. 24].

Espacio producto

Sean X e Y dos conjuntos. El espacio producto $X \times Y$ consiste en las 2-tuplas (x, y) donde $x \in X$ e $y \in Y$. Más generalmente, se define el espacio producto

$$X_1 \times X_2 \times \cdots \times X_n$$

como el conjunto de n-tuplas $(x_1, x_2, \ldots, x_n)$, donde $x_i \in X_i$, para $i = 1, 2, \ldots, n$. Cuando $X_i = X$ para $i = 1, 2, \ldots, n$, se denota al espacio producto por X^n, es decir:

$$X^n = \{(x_1, x_2, \ldots, x_n) : x_i \in X, i = 1, 2, \cdots, n\}.$$

In.: *product space, cartesian product* [**12**, p. 7 ss].

Espacio vectorial

Un espacio vectorial V sobre un campo $\mathbb{K}$ es un conjunto en donde se pueden sumar elementos de V y multiplicar elementos de V por elementos de $\mathbb{K}$ con las siguientes propiedades para todo v, u y w en V y α en $\mathbb{K}$:

1. $v + u$ está en V;
2. αv está en V;
3. $(v + u) + w = v + (u + w)$;
4. existe un elemento 0 en V —llamado **cero** de V— tal que

$$0 + v = v + 0 = v;$$

5. existe un elemento $-v$ de V tal que $v + (-v) = (-v) + v = 0$;
6. $v + u = u + v$;
7. $\alpha(u + v) = \alpha u + \alpha v$;
8. $(\alpha + \beta)v = \alpha v + \beta v$;
9. $(\alpha \beta)v = \alpha(\beta v)$;
10. $1v = v$, donde $1 \in \mathbb{K}$.

In.: *vector space* [**3**, p. 4 ss].

Espacio vectorial $\mathbb{K}^n$

Sea $\mathbb{K}$ un campo. El espacio $\mathbb{K}^n$ es el conjunto de n-tuplas en vertical (matrices de $n \times 1$) con entradas en $\mathbb{K}$, con la siguiente suma y multiplicación por escalar:

$$(x_1, x_2, \ldots, x_n)^\top + (u_1, u_2, \ldots, u_n)^\top = (x_1 + u_1, x_2 + u_2, \ldots, x_n + u_n)^\top,$$

$$\alpha(x_1, x_2, \ldots, x_n)^\top = (\alpha x_1, \alpha x_2, \ldots, \alpha x_n)^\top.$$

✪ El espacio $\mathbb{K}^n$ con la suma y multiplicación por escalar descritas arriba, es un espacio vectorial sobre $\mathbb{K}$ de dimensión n [**3**, p. 10, p. 31].

Espacio vectorial ℓ_∞

El espacio ℓ_∞ sobre un campo $\mathbb{K}$ es el espacio vectorial $\mathbb{K}^n$ dotado con la norma ℓ_∞. In.: ℓ_∞-*space* [**15**, p. 30].

Espacio vectorial ℓ_p, $1 \le p < \infty$

El espacio ℓ_p sobre $\mathbb{K}$ es el espacio vectorial $\mathbb{K}^n$ dotado con la norma ℓ_p. IN.: ℓ_p-*space* [**15**, p. 30].

Espacio vectorial de matrices

El espacio de matrices de $m \times n$ sobre un campo $\mathbb{K}$ es el espacio formado por matrices de $m \times n$ con componentes pertenecientes a $\mathbb{K}$ con la suma usual de matrices y la multiplicación por escalar usual, esto es: si

$$
A = \begin{pmatrix}
a_{11} & a_{12} & \cdots & a_{1n} \\
a_{21} & a_{22} & \cdots & a_{2n} \\
\vdots & \vdots & & \vdots \\
a_{m1} & a_{m2} & \cdots & a_{mn}
\end{pmatrix}
$$

y

$$
B = \begin{pmatrix}
b_{11} & b_{12} & \cdots & b_{1n} \\
b_{21} & b_{22} & \cdots & b_{2n} \\
\vdots & \vdots & & \vdots \\
b_{m1} & b_{m2} & \cdots & b_{mn}
\end{pmatrix}
$$

son matrices de $m \times n$, se define la suma de A y B como la matriz:

$$
A + B = \begin{pmatrix}
a_{11}+b_{11} & a_{12}+b_{12} & \cdots & a_{1n}+b_{1n} \\
a_{21}+b_{21} & a_{22}+b_{22} & \cdots & a_{22}+b_{22} \\
\vdots & & & \vdots \\
a_{m1}+b_{m1} & a_{m2}+b_{m2} & \cdots & a_{mn}+b_{mn}
\end{pmatrix},
$$

y si $\alpha \in \mathbb{K}$, se define la multiplicación de A por el escalar α, como la matriz:

$$
\alpha A = \begin{pmatrix}
\alpha a_{11} & \alpha a_{12} & \cdots & \alpha a_{1n} \\
\alpha a_{21} & \alpha a_{22} & \cdots & \alpha a_{2n} \\
\vdots & \vdots & & \vdots \\
\alpha a_{m1} & \alpha a_{m2} & \cdots & \alpha a_{mn}
\end{pmatrix}.
$$

A este espacio se le denota en este atlas por $\mathrm{Mat}_{m \times n}(\mathbb{K})$. IN.: *vector space of matrices* [**22**, p. 23 ss].

❂ El espacio $\mathrm{Mat}_{m \times n}(\mathbb{K})$ es un espacio vectorial sobre $\mathbb{K}$ de dimensión mn [**22**, p. 26] [**3**, p. 57].

Espacio vectorial de operadores

Sea V un espacio vectorial normado. Al espacio vectorial de transformaciones lineales de V en V se le llama espacio vectorial de operadores sobre V y se denota por $\mathscr{L}(V)$. A este espacio se le considera siempre con la norma de operadores definida en la página 87. IN.: *vector space of operators* [**3**, p. 57].

Espacio vectorial de polinomios

Sea $\mathbb{K}$ un campo y m un número natural. Denotaremos por $\mathscr{P}_m(\mathbb{K})$ al conjunto de todos los polinomios sobre $\mathbb{K}$ de grado menor o igual a m (incluyendo al polinomio constante cero), con la suma y multiplicación por escalar definida a continuación. Si $p(z) = a_r z^r + \cdots + a_2 z^2 + a_1 z + a_0$ y $q(z) = b_n z^n + \cdots + b_2 z^2 + b_1 z + b_0$ son polinomios sobre $\mathbb{K}$ tal que $m \geq r \geq n$ entonces:

$$p(z) + q(z) = a_r z^r + \cdots + (a_n + b_n)z^n + \cdots + (a_1 + b_1)z^1 + (a_0 + b_0),$$

además, para $\alpha \in \mathbb{K}$,

$$\alpha p(z) = (\alpha a_r)z^r + \cdots + (\alpha a_1)z + (\alpha a_0).$$

Otra notación: $\mathbb{K}_m[z]$. IN.: *vector space of polynomials of degree less than equal to m* [**3**, p. 23].

✪ El espacio $\mathscr{P}_m(\mathbb{K})$ es un espacio vectorial de dimensión $m + 1$ [**3**, p. 31].

Espacio vectorial de transformaciones lineales

Sean V y W dos espacios vectoriales normados sobre $\mathbb{K}$ de dimensiones n y m, respectivamente. El espacio de todas las transformaciones lineales de V en W, se denota por $\mathscr{L}(V, W)$, es el conjunto de todas las transformaciones lineales definidas sobre V y con imagen en W, en el cual se establece una estructura de espacio vectorial, de la siguiente forma. Sean T y S elementos de $\mathbf{L}(V, W)$ y $\alpha \in \mathbb{K}$, se define la suma y la multiplicación por escalar en $\mathscr{L}(V, W)$ por:

$$(T + S)(v) = T(v) + S(v),$$

$$(\alpha T)(v) = \alpha \cdot T(v).$$

Siempre se considera este espacio con la norma de transformaciones lineales definida en la página 87. IN.: *vector space of linear transformations* [**3**, p. 40].

✪

1. Si V y W son espacios vectoriales normados sobre $\mathbb{K}$ entonces $\mathscr{L}(V, W)$ en efecto es un espacio vectorial sobre $\mathbb{K}$ [**3**, p. 40].

2. Sea V un espacio vectorial de dimensión n y W un espacio vectorial de dimensión m entonces $\mathscr{L}(V, W)$ es isomorfo a $\mathrm{Mat}_{m \times n}(\mathbb{K})$. Por tanto, $\mathscr{L}(V, W)$ tiene dimensión mn [**3**, p. 57].

Espacio vectorial normado

Un espacio vectorial normado es un espacio vectorial dotado de una norma. IN.: *normed linear space* [**15**, p. 30].

Espectral, teorema

$\hookrightarrow$ « Diagonalizable, matriz » y « Diagonalizable, operador ».

Espectro de un operador

Sea V un espacio vectorial. El espectro de un operador $T \in \mathcal{L}(V)$ es el conjunto $\sigma(T)$ constituido por todos los autovalores de T [**18**, p. 103].

❂ *Relación con el espectro de una matriz.*
   1. Si **B** es cualquier base de un espacio vectorial V entonces $\sigma(T) = \sigma((T)_\mathbf{B})$.
   2. Para cualquier matriz cuadrada A, $\sigma(A) = \sigma(\mathrm{T}_A)$.

Espectro de una matriz

Sea A una matriz cuadrada compleja. El espectro de A es el conjunto $\sigma(A)$ constituido por todos los autovalores de A. IN.: *spectrum of a matrix* [**19**, p. 35].

Estrictamente triangular inferior [superior], matriz

Se dice que una matriz cuadrada $A = (a_{ij})$, $i, j = 1,2,\ldots,n$, es estrictamente triangular inferior si su transpuesta es una matriz estrictamente triangular superior, es decir es de la forma:

$$\begin{pmatrix} 0 & 0 & \cdots & 0 \\ a_{21} & 0 & \cdots & 0 \\ \vdots & \vdots & & \vdots \\ a_{n1} & a_{n2} & \cdots & 0 \end{pmatrix}.$$

IN.: *strictly lower triangular matrix* [**19**, p. 24].

Se dice que una matriz cuadrada $A = (a_{ij})$, $i, j = 1,2,\ldots,n$, es estrictamente triangular superior si $a_{ij} = 0$, para $j \le i$:

$$\begin{pmatrix} 0 & a_{12} & \cdots & a_{1n} \\ 0 & 0 & \cdots & a_{2n} \\ \vdots & \vdots & & \vdots \\ 0 & 0 & \cdots & 0 \end{pmatrix}.$$

IN.: *strictly upper triangular matrix* [**19**, p. 24].

Euclidiana, norma en $\mathbb{R}^n$

$x = (x_1, x_2, \ldots, x_n) \in \mathbb{R}^n$, la norma euclidiana de x se define como sigue:

$$\|x\|_2 = \sqrt{x_1^2 + x_2^2 + \cdots + x_n^2}.$$

IN.: *Euclidean norm* [**12**, p. 3].

Euclidiana, norma de una matriz

Sea $A = (a_{ij})$ una matriz de $n \times n$ con entradas en un campo $\mathbb{K}$. La norma euclidiana de A, se define como sigue:

$$\|A\|_2 = \sqrt{\sum_{i,j=1}^{n} |a_{ij}|^2}.$$

donde $|\cdot|$ denota al módulo de a_{ij}. SIN.(S): norma de Hilbert-Schmidt, norma de Frobenius, norma de Schur. IN.: *Euclidian matrix norm* [**19**, p. 291].

❂[**19**, p. 291 ss]:

1. La aplicación $A \mapsto \|A\|_2$ define una norma en el espacio vectorial $\mathrm{Mat}_{n \times n}(\mathbb{K})$.
2. Sea A una matriz de $n \times n$. Entonces,
   (a) Si B es de $n \times n$ entonces $\|AB\|_2 \leq \|A\|_2 \|B\|_2$, es decir es una norma matricial.
   (b) Si $C^1, C^2, \ldots, C^n$ son columnas de A vistas como elementos de $\mathbb{K}^n$, se satisface que,

$$\|A\|_2^2 = \|C^1\|_2^2 + \|C^2\|_2^2 + \cdots + \|C^n\|_2^2.$$

   (c) Si U y S son matrices unitarias de la mismas dimensiones que A entonces $\|UAS\|_2 = \|A\|_2$.
   (d) Se cumple que $\|A\|_2^2 = \mathrm{tr}\,(A^\star A)$ [**19**, p.313].

Euclidiano, espacio

Para cualquier natural n, el espacio euclidiano n-dimensional es el espacio $\mathbb{R}^n$ dotado con la norma euclidiana. IN.: *Euclidean n-space* [**12**, p. 3].

Euler, fórmula

Para todo $\theta \in \mathbb{R}$ se cumple que,

$$\exp(\mathbf{i}\theta) = (\cos\theta + \mathbf{i}\mathrm{sen}\,\theta).$$

IN.: *Euler's formula* [**1**, p. 42].

Existe ($\exists$)

Cuantificador existencial de una variable. Se usa para abreviar el lenguaje, por ejemplo: « $\exists x \in A$ » se lee y significa « existe un (elemento) x en (el conjunto) A ». IN.: *Exists* [**12**, p. xvi].

Exponencial, matriz

Sea A una matriz cuadrada con entradas en un campo $\mathbb{K}$. Se define la exponencial de A como la siguiente suma:

$$\exp A = \sum_{k=0}^{\infty} \frac{A^k}{k!} = I + A + \frac{1}{2!}A^2 + \frac{1}{3!}A^3 + \cdots .$$

IN.: *matrix exponential*. [**2**, p. 197].

✪[**2**, p. 197 ss]:

1. La suma que define a la exponencial de cualquier matriz converge respecto a cualquier norma en $\mathrm{Mat}_{n \times n}(\mathbb{K})$, es decir, $\exp A$ para cualquier matriz A está bien definida.

2. Se cumple que $\exp O = I$.

3. Si A y B son dos matrices que conmutan, es decir si $AB = BA$, entonces:
$$\exp(A + B) = \exp A \exp B.$$

4. Si $D = \begin{pmatrix} a_{11} & 0 & \cdots & 0 \\ 0 & a_{22} & \ddots & \vdots \\ \vdots & \ddots & \ddots & 0 \\ 0 & \cdots & 0 & a_{nn} \end{pmatrix}$ entonces:

$$\exp D = \begin{pmatrix} \exp a_{11} & 0 & \cdots & 0 \\ 0 & \exp a_{22} & \ddots & \vdots \\ \vdots & \ddots & \ddots & 0 \\ 0 & \cdots & 0 & \exp a_{nn} \end{pmatrix} .$$

5. Si A es una matriz cuadrada con todos sus autovalores iguales a λ entonces, para todo $t \in \mathbb{R}$:

$$\exp tA = \exp \lambda t \sum_{k=0}^{n-1} \frac{t^k}{k!}(A - \lambda I)^k.$$

6. Si A es una matriz de $n \times n$ y $\lambda_1, \lambda_2, \ldots, \lambda_n$ son distintos autovalors de A entonces:

$$\exp tA = \sum_{k=1}^{n} \exp t\lambda_k \cdot L_k(A),$$

donde $L_k(A)$ es el polinomio en A de grado $n-1$ dado por la fórmula,

$$L_k(A) = \prod_{j=1,\,j\neq k}^{n} \frac{A-\lambda_j I}{\lambda_k - \lambda_j}, \quad k = 1,2,\ldots,n.$$

Extensión de una función

Sean A y B dos conjuntos y sea $f : A \to B$ una función. Si $A \subset X$, a cualquier función $F : X \to B$ tal que

$$F|_A = f$$

se le llama extensión de f sobre X. In.: *extension of f* [**12**, p. 12].

F

Factorial de un número

Sea $n \in \{0,1,2,\ldots\}$, el factorial de n se denota por $n!$ y se define de la siguiente manera, $0! = 1$ y para $n = 1,2,\ldots$:

$$n! = n(n-1)!$$

In.: *factorial of a number* [**32**, p. 23].

Familia indizada de conjuntos

↪ « Índices, conjunto ».

Fila de una matriz

↪ « Renglón de una matriz ».

Forma bilineal, cuadrática, etc.

↪ « Bilineal, forma », « Cuadrática, forma », etc.

Forma polar de un número complejo

Sea $z = a + \mathbf{i}b$ un número complejo. Se pueden establecer a y b como $a = r\cos\theta$ y $b = r\operatorname{sen}\theta$ donde $r = \sqrt{a^2 + b^2}$ y $\theta \in [0, 2\pi)$. A z escrito de la forma

$$z = r(\cos\theta + \mathbf{i}\operatorname{sen}\theta),$$

se le llama forma polar de z. In.: *trigonometric form of a complex number* [**1**, p. 13].

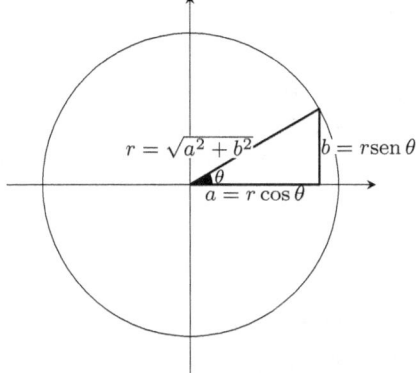

Frobenius, norma de una matriz

↪ « Euclidiana, norma de una matriz ».

Función

Sean A y B dos conjuntos. Una función f es un conjunto de pares ordenados en $A \times B$ con la siguiente propiedad:

$$(a, b) \in f \ \text{y} \ (a, c) \in f \ \text{implica} \ b = c$$

SIN. (S): aplicación, mapeo. IN.: *function, map, mapping*. Si f es una función, al segundo elemento del par $(a, b) \in f$, que es único por definición, se le denota por

$$f(a),$$

y se le llama « f evaluada en a » [**12**, p. 10].

Funcional lineal

Sea V un espacio vectorial. Un funcional lineal es un elemento del espacio dual de V, $V^\star$. IN.: *linear fuctional* [**18**, p. 20].

Gauss-Jordan, eliminación

↪ « Eliminación Gauss-Jordan ».

Gaussiana, eliminación

↪ « Eliminación gaussiana ».

Gelfand, fórmula

↪ « Norma matricial ».

Generado, subespacio vectorial

Sea V un espacio vectorial sobre un campo $\mathbb{K}$. Al conjunto formado por todas las combinaciones lineales de un conjunto U se le llama generado de U y se denota por

$$\text{span } U.$$

IN.: *linear span, linear hull* [**3**, p. 22].

✪ Si U es un conjunto cualquiera de un espacio vectorial entonces

$$\text{span } U = \bigcap \{W : W \text{ es un subespacio que contiene a } U\}.$$

En particular, span U es un subespacio de V [**18**, p. 17].

Grado de un polinomio

Sea $\mathbb{K}$ un campo y

$$p(z) = a_m z^m + \cdots + a_2 z^2 + a_1 z + a_0$$

un polinomio sobre $\mathbb{K}$ con $a_m \neq 0$. Al entero m se le llama grado del polinomio y se le suele denotar por $\deg p$. Si $p(z)$ es el polinomio constante 0 entonces *por convención* $\deg p = -\infty$, donde el símbolo $-\infty$ obedece las siguientes reglas: $-\infty + -\infty = -\infty$ y para cualquier entero m, $-\infty + m = -\infty$ y $-\infty < m$. IN.: *degree of a polynomial* [**22**, p. 232].

✪ Sean $p(z)$ y $q(z)$ dos polinomios sobre un mismo campo. Si $pq(z) = p(z)q(z)$ entonces [**22**, p. 232]:

$$\deg(pq) = \deg p + \deg q.$$

Gram-Schmidt, proceso de ortogonalización

Sea V un espacio vectorial, sean $\langle \cdot, \cdot \rangle$ un producto interno definido en V y $\mathbf{B} = \{v_1, v_2, \ldots, v_n\}$ una base de V. El proceso de ortogonalización de Gram-Schmidt, nos dice que a partir de la base $\mathbf{B}$ podemos construir una nueva base

$$\mathbf{B}' = \{v_1', v_2', \ldots, v_n'\}$$

de V pero ortogonal, de la siguiente manera:

$$v_1' = v_1,$$

$$v_2' = v_2 - \frac{\langle v_2, v_1' \rangle}{\langle v_1', v_1' \rangle} v_1',$$

$$v_3' = v_3 - \frac{\langle v_3, v_2' \rangle}{\langle v_2', v_2' \rangle} v_2' - \frac{\langle v_3, v_1' \rangle}{\langle v_1', v_1' \rangle} v_1',$$

$$\vdots$$

$$v_n' = v_n - \frac{\langle v_n, v_{n-1}' \rangle}{\langle v_{n-1}', v_{n-1}' \rangle} v_{n-1}' - \cdots - \frac{\langle v_n, v_1' \rangle}{\langle v_1', v_1' \rangle} v_1'.$$

IN.: *Gram-Schmidt orthogonalization process* [**22**, p. 104 ss].

H

Hadamard, desigualdad

Para cualquier matriz $A = (a_{ij})$ de $n \times n$ con entradas en un campo $\mathbb{K}$ se cumple que:

$$|\det A| \leq \prod_{i=1}^{n} \|A_i\|_2,$$

donde A_i es la i-ésima columna de A vista como un vector en $\mathbb{K}^n$. Además si A es no-singular la igualdad se satisface si y solo si las columnas son ortogonales entre sí (respecto al producto punto) [**19**, p. 477].

Hadamard, producto

↪ « Schur, producto ».

Hankel, matriz

Se dice que una matriz A cuadrada se dice que es de Hankel si es de la forma:

$$A = \begin{pmatrix} a_1 & a_2 & a_3 & \cdots & a_n \\ a_2 & a_3 & \cdots & a_n & a_{n+1} \\ a_3 & \vdots & \cdot{\cdot}^{\cdot} & a_{n+1} & a_{n+2} \\ \vdots & a_n & a_{n+1} & a_{n+2} & \vdots \\ a_n & a_{n+1} & a_{n+2} & \cdots & a_{2n-1} \end{pmatrix}.$$

IN.: *Hankel matrix* [**19**, p. 27].

○ Si

$$P = \begin{pmatrix} 0 & \cdots & 0 & 1 \\ 0 & \cdots & 1 & 0 \\ \vdots & & \vdots & \vdots \\ 1 & \cdots & 0 & 0 \end{pmatrix},$$

entonces para cualquier matriz B de Toeplitz de las mismas dimensiones que P, la matriz PB es de Hankel [**19**, p. 28].

Hermitiana, matriz

↪ « Autoadjunta, matriz ».

Hermitiano, operador

↪ « Autoadjunto, operador ».

Hermitiano, producto

Sea V un espacio vectorial sobre $\mathbb{C}$. Un producto hermitiano es una aplicación que a cada elemento (v, w) en $V \times V$ le asocia un número complejo $\langle v, w \rangle$ que satisface lo siguiente:

1. Para todo v y w en V, $\langle v, w \rangle = \overline{\langle w, v \rangle}$.
2. Si v, w y u están en V entonces $\langle v, w + u \rangle = \langle v, w \rangle + \langle v, u \rangle$.
3. Si v y w están en V y α está en $\mathbb{C}$ entonces $\langle \alpha v, w \rangle = \alpha \langle v, w \rangle$ y $\langle v, \alpha w \rangle = \overline{\alpha} \langle v, w \rangle$.

IN.: *Hermitian product* [**22**, p. 108].

Hermitiano, producto punto

↪ « Producto punto complejo ».

Hessenberg superior e inferior, matriz

Se dice que una matriz A de $n \times n$ es una matriz de Hessenberg superior si $a_{ij} = 0$, para $i > j + 1$, $i, j = 1, 2, \ldots, n$.

$$A = \begin{pmatrix} a_{11} & a_{12} & a_{13} & \cdots & a_{1n} \\ a_{21} & a_{22} & a_{23} & \cdots & a_{2n} \\ 0 & a_{32} & a_{33} & \cdots & a_{3n} \\ 0 & 0 & a_{43} & \cdots & a_{4n} \\ \vdots & \ddots & \vdots & & \vdots \\ 0 & \cdots & 0 & a_{n\,n-1} & a_{nn} \end{pmatrix}.$$

IN.: *upper Hessenberg matrix.* Se dice que A es una matriz de Hessenberg inferior si $A^{\top}$ es Hessenberg superior.

$$A = \begin{pmatrix} a_{11} & a_{12} & 0 & 0 & \cdots & 0 \\ a_{21} & a_{22} & a_{23} & 0 & \ddots & \vdots \\ a_{31} & a_{32} & a_{33} & a_{43} & \cdots & 0 \\ \vdots & \vdots & \vdots & \vdots & & a_{n-1\,n} \\ a_{n1} & a_{n2} & a_{n3} & a_{n4} & \cdots & a_{nn} \end{pmatrix}.$$

IN.: *lower Hessenberg matrix* [**19**, p. 28].

Hilbert, matriz

La matriz de Hilbert de $n \times n$ es la matriz $H = (h_{ij})$, donde para $i, j = 1, 2, \ldots, n$:

$$h_{ij} = \frac{1}{i + j - 1}.$$

IN.: *Hilbert matrix* [**19**, p. 341].

✪[**9**, p. 306]:

1. Toda matriz de Hilbert es simétrica, definida positiva y es una matriz de Hankel.
2. Toda matrix de Hilbert H de $n \times n$ es invertible y además,

$$\det H = \left(\prod_{i=1}^{n-1} i! \right)^4 \left(\prod_{i=1}^{2n-1} i! \right)^{-1}.$$

Más aún, si $H^{-1} = (r_{ij})$ entonces,

$$r_{ij} = (-1)^{i+j}(i+j-1)\binom{n+i-1}{n-j}\binom{n+j-1}{n-i}\binom{i+j-2}{i-1}^2.$$

Hilbert-Schmidth, norma de una matriz

↪ « Frobenius, norma de una matriz ».

Hiperplano de $\mathbb{R}^n$

Un hiperplano H de $\mathbb{R}^n$ es un conjunto de la forma

$$H = \{ x \in \mathbb{R}^n : x^{\top} v = c \}$$

donde $v \in \mathbb{R}^n$ es un vector diferente del vector cero y $c \in \mathbb{R}$. IN.: *hyperplane* [**31**, p. 225].

Hölder, desigualdad

Sea $\mathbb{K}$ un campo. Sean $1 \le p, q < \infty$ tales que $\dfrac{1}{p} + \dfrac{1}{q} = 1$. Para todo $x = (x_1, x_2, \ldots, x_n)$ y todo $y = (y_1, y_2, \ldots, y_n)$ en $\mathbb{K}^n$,

$$\sum_{i=1}^{n} |x_i y_i| \le \|x\|_p \|y\|_q.$$

A la desigualdad anterior se le llama desigualdad de Hölder. IN.: *Hölder's inequality* [**19**, p. 536].

Homogéneo, sistema de ecuaciones

Se dice que el sistema $Ax = b$ es homogéneo si $b = 0$. IN.: *homogeneous system of linear equations* [**4**, p. 64].

Householder, matriz real o compleja

Una matriz real H_x de $n \times n$ es una matriz de Householder asociada a $x = (x_1, x_2, \ldots, x_n)^\top \in \mathbb{R}^n$ si,

$$H_x = I - \frac{2}{x^\top x} x x^\top.$$

IN.: *Householder matrix.* Una matriz compleja H_x de $n \times n$ es una matriz de Housholder asociada a $x = (x_1, x_2, \ldots, x_n)^\top \in \mathbb{C}^n$ si,

$$H_x = I - \frac{2}{x^\star x} x x^\star.$$

SIN.(S): matriz de reflexión. IN.: *complex Householder matrix* [**31**, p. 237, p. 239].

✪

1. Sea H_x una matriz de Householder real [compleja] de $n \times n$ asociada a $x \in \mathbb{R}^n$ [$\mathbb{C}^n$]. Para cada $w \in \mathbb{R}^n$ [$\mathbb{C}^n$] sea p la proyección ortogonal de w a lo largo de x respecto al producto punto [complejo] esto es,

$$p = \frac{x \cdot w}{x \cdot x} x.$$

Si $u = w - p$ entonces [**31**, teo. 4.9]:

$$H_x w = -p + u.$$

2. Toda matriz de Householder real [compleja] es una matriz simétrica [autoadjunta] y ortogonal [unitaria] [**31**, p. 241].

I

i. e.

Es la abreviación del latín *id est* que significa « es decir ».

Idempotente, matriz u operador

$\hookrightarrow$ « Proyección, matriz », « Proyección, operador ».

Identidad, función, matriz, operador

La aplicación identidad de un conjunto A, es la función que a cada elemento de A lo manda a sí mismo. Se le denota algunas veces como id_A. En otras palabras:

$$\forall x \in A, \quad \mathrm{id}_A(x) = x.$$

IN.: *identity map* [**12**, p. 11].

Una matriz identidad es una matriz cuadrada que tiene todas las entradas iguales a 0, excepto en la diagonal donde son todos iguales a 1, es decir es una matriz de la siguiente forma:

$$I = \begin{pmatrix} 1 & 0 & \cdots & 0 \\ 0 & 1 & \cdots & 0 \\ \vdots & \vdots & & \vdots \\ 0 & 0 & \cdots & 1 \end{pmatrix}.$$

A veces, en lugar de I, se escribe I_n para indicar que es de $n \times n$. Por supuesto T_{I_n} es la función identidad sobre $\mathbb{K}^n$. IN.: *unit matrix* [**22**, p. 27].

Sea V un espacio vectorial. Al la función identidad sobre V, la cual por supuesto pertenece a $\mathscr{L}(V)$, se le llama operador identidad o identidad en V. En este texto se le denota por I. IN.: *identity operator* [**3**, p. 38].

Igualdad de conjuntos

Decimos que dos conjuntos A y B son iguales si para todo x, $x \in A$ si y solo si $x \in B$. En este caso se escribe $A = B$. IN.: *equality of sets* [**12**, p. 2].

Igualdad de funciones

Se dice que dos funciones f y g son iguales si tienen el mismo dominio y coinciden en todos los puntos de él. En este caso se escribe $f = g$. En otras palabras, $f = g$ si y solo si para todo x eb $D_f = D_g$ se cumple que $f(x) = g(x)$. IN.: *equality of functions*.

Igualdad de matrices

$$A = \begin{pmatrix} a_{11} & \cdots & a_{1n} \\ \vdots & & \vdots \\ a_{m1} & \cdots & a_{mn} \end{pmatrix} \text{ y } B = \begin{pmatrix} b_{11} & \cdots & b_{1n} \\ \vdots & & \vdots \\ b_{m1} & \cdots & b_{mn} \end{pmatrix} \text{ son iguales si}$$

tienen las mismas dimensiones y

$$a_{ij} = b_{ij}$$

para todo $i = 1, 2, \ldots, m$ y $j = 1, 2, \ldots, n$. IN.: *equality of matrices.*

Igualdad de números complejos

Se dice que dos números complejos $z_1 = a_1 + b_1 \mathbf{i}$ y $z_2 = a_2 + b_2 \mathbf{i}$ son iguales si $a_1 = a_2$ y $b_1 = b_2$. En este caso se escribe $z_1 = z_2$. IN.: *equality of complex numbers.*

Igualdad de polinomios

Se dice que dos polinomios $p(z) = a_m z^m + \cdots + a_2 z^2 + a_1 z + a_0$ y $q(z) = b_n z^n + \cdots + b_2 z^2 + b_1 z + b_0$ sobre un mismo campo $\mathbb{K}$ son iguales si y solo si $m = n$ y

$$a_m = b_m, \cdots, a_2 = b_2, \ a_1 = b_1, \ a_0 = b_0.$$

IN.: *equality of polynomials* [**3**, p. 24].

Imagen de una función, de una transformación lineal

↪ « Dominio e imagen de una función » , « Rango de una transformación lineal ».

Imagen inversa de un conjunto

↪ « Preimagen de un conjunto bajo una función ».

Imagen de un conjunto bajo una función

Sea $f : A \to B$ una función. La imagen de un conjunto $C \subset A$ bajo f es el conjunto:

$$f(C) = \{f(x) : x \in C\}.$$

IN.: *image of a set under a function* [**12**, p. 11].

⊘ Sea $f : A \to B$ una función. La aplicación f induce una función, que se denotará de nuevo por f,

$$f : \mathscr{P}(A) \to \mathscr{P}(B)$$

que a cada conjunto $C \subset A$ lo envía a $f(C)$ con la siguientes propiedades [**12**, p. 12]:

1. $f\left(\bigcup_{\lambda \in \Lambda} C_\lambda\right) = \bigcup_{\lambda \in \Lambda} f(C_\lambda)$.
2. $f\left(\bigcap_{\lambda \in \Lambda} C_\lambda\right) \subset \bigcap_{\lambda \in \Lambda} f(C_\lambda)$.
3. *Relación con la preimagen de un conjunto.* ↪ « Preimagen de un conjunto bajo una función ».

Inconsistente, sistema de ecuaciones

Sea A una matriz de $m \times n$ con entradas en un campo $\mathbb{K}$ y sea $b = (b_1, b_2, \dots b_m)^\top$ un vector de $\mathbb{K}^m$ dado. El sistema $Ax = b$ es inconsistente si no existe algún vector $x = (x_1, x_2, \dots, x_n)^\top$ en $\mathbb{K}^n$ que satisface la ecuación. IN.: *inconsistent system of linear equations* [**4**, p. 74]. ↪ « Consistente, sistema de ecuaciones ».

Índices, conjunto

Un conjunto Λ se dice que es un conjunto de índices para una colección de conjuntos $\mathscr{C}$ si existe una función sobreyectiva de $f : \Lambda \to \mathscr{C}$. Al considerar a la colección $\mathscr{C}$ junto con el conjunto de índices Λ se dice que $\mathscr{C}$ es una **familia indizada de conjuntos** y se le denota siguiente manera:

$$\mathscr{C} = \{A_\lambda : \lambda \in \Lambda\},$$

donde $A_\lambda = f(\lambda)$, para todo $\lambda \in \Lambda$. IN.: *index set* [**26**, p. 37].

Índice de nilpotencia

↪ « Nilpotente, matriz » y « Nilpotente, operador ».

Índice de nulidad de un producto escalar

Sea $V \neq \{0\}$ un espacio vectorial de dimensión finita sobre $\mathbb{R}$ y sea $\langle \cdot, \cdot \rangle$ un producto escalar definido en V. Sea

$$V_0 = \{v \in V : \langle v, w \rangle = 0, \forall\, w \in V\}.$$

A la dimensión del subespacio V_0 se le llama índice de nulidad del producto escalar $\langle \cdot, \cdot \rangle$. IN.: *index of nullity of a scalar product* [**22**, p. 137].

✪ El índice de nulidad de un producto escalar $\langle \cdot, \cdot \rangle$ es el número de enteros i tales que

$$\langle v_i, v_i \rangle = 0.$$

Un producto escalar es no-degenerado si y solo si su índice de nulidad es cero [**22**, p. 137].

Índice de positividad de un producto escalar

Sea V un espacio vectorial sobre $\mathbb{R}$ y sea $\langle \cdot, \cdot \rangle$ un producto escalar definido en V. El **teorema de Sylvester** dice que existe un entero

$r \geq 0$ tal que si $\{v_1, v_2, \ldots, v_n\}$ es una base ortogonal de V entonces hay exactamente r enteros i tales que $\langle v_i, v_i \rangle > 0$. A r se le llama índice de positividad del producto escalar $\langle \cdot, \cdot \rangle$. IN.: *index of positivity of a scalar product* [**22**, p. 137 ss].

Inecuación

↪ «Desigualdad».

Intersección de dos conjuntos

Sean A y B dos conjuntos. Al conjunto constituido por los elementos que están en A y están en B se le llama intersección de A y B y se denota por $A \cap B$. En otras palabras,

$$A \cap B = \{x : x \in A \ \wedge \ x \in B\}.$$

IN.: *intersection of two sets.* El término **intersección finita de conjuntos** se refiere a la intersección de los conjuntos de colección finita $\{A_1, A_2, \ldots A_n\}$, la cual a su vez es un conjunto que se denota y define como sigue:

$$\bigcap_{i=1}^{n} A_i = A_1 \cap A_2 \cap \cdots \cap A_n = \{x : \forall i \in I, x \in A_i\},$$

donde $I = \{1, 2, \ldots, n\}$. IN.: *finite intersection of sets.* El término **intersección numerable de conjuntos** se refiere a la intersección de los conjuntos pertenecientes a una colección numerable $\{A_1, A_2, A_3, \ldots\}$, la cual a su vez es un conjunto que define como sigue:

$$\bigcap_{i=1}^{\infty} A_i = A_1 \cap A_2 \cap A_3 \cdots = \{x : \forall i \in \mathbb{N}, x \in A_i\}.$$

SIN.(S): intersección contable. IN.: *countable intersection.* Más generalmente, el término **intersección arbitraria de conjuntos** se refiere a la intersección de los conjuntos pertenecientes a una colección arbitraria. Si $\mathscr{C} = \{A_\lambda : \lambda \in \Lambda\}$ es una familia indizada de conjuntos entonces la intersección de todos los conjuntos de $\mathscr{C}$ se denota y se define como sigue:

$$\bigcap_{\lambda \in \Lambda} A_\lambda = \{x : \forall \lambda \in \Lambda, x \in A_\lambda\}.$$

IN.: *arbitrary intersection* [**12**, p. 9].

✪[**12**, p. 9 ss]:

1. $\bigcap_{\lambda \in \Lambda} A_\lambda \cup \bigcap_{\gamma \in \Gamma} B_\gamma = \bigcap_{(\lambda, \gamma) \in \Lambda \times \Gamma} (A_\lambda \cup B_\gamma)$.
2. $\left(\bigcap_{\lambda \in \Lambda} A_\lambda \right)^c = \bigcup_{\lambda \in \Lambda} (A_\lambda)^c$.
3. $\bigcap_{\lambda \in \Lambda} A_\lambda \times \bigcap_{\gamma \in \Gamma} B_\gamma = \bigcap_{(\lambda, \gamma) \in \Lambda \times \Gamma} (A_\lambda \times B_\gamma)$.
4. $\bigcap_{\lambda \in \Lambda} \mathscr{P}(A_\lambda) = \mathscr{P} \left(\bigcap_{\lambda \in \Lambda} A_\lambda \right)$.

Invariante, subespacio

Sea V un espacio vectorial. Se dice que un subespacio de W de V es invariante bajo $T \in \mathscr{L}(V)$ si $T(W) \subset W$. IN.: *invariant subspace* [**18**, p. 71].

○ Sea V un espacio vectorial de dimensión n.

1. Los subespacios $\{0\}$ y V son invariantes bajo cualquier operador $T \in \mathscr{L}(V)$.
2. Si $T \in \mathscr{L}(V)$ entonces los subespacios Ker T y Ran T son invariantes bajo T.
3. Sea W un subespacio invariante de V m-dimensional invariante bajo $T \in \mathscr{L}(V)$. Sea

$$\mathbf{B} = \{v_1, v_2, \ldots, v_n\}$$

una base de V tal que $\{v_1, v_2, \ldots, v_m\}$ es una base de W. Entonces,

$$(T)_{\mathbf{B}} = \begin{pmatrix} A & C \\ O & B \end{pmatrix},$$

donde A es de $m \times m$, C es de $m \times n - m$, B es de $n - m \times n - m$ y O es la matriz cero de $n - m \times m$ [**18**, p. 71 ss].

Inversa de una función

Sean A y B dos conjuntos y $f : A \to B$ una función. Se dice que g es una inversa de f si:

$$f \circ g = \mathrm{id}_B \quad \text{y} \quad g \circ f = \mathrm{id}_A.$$

La inversa de f, si existe, es única y se denota por f^{-1}. IN.: *inverse of a function* [**26**, p. 19].

○ Una función f tiene inversa si y solo si es una función biyectiva [**26**, p. 19].

Inversa de una matriz

Sean A una matriz cuadrada. Se dice que B es una matriz inversa de A si:

$$AB = BA = I.$$

Si existe una matriz inversa de A entonces es única. Se tiene además que [**34**, p. 86]:

$$AB = I \implies BA = I.$$

Por tanto, basta pedir que $AB = I$ para que B sea la inversa de A; en este caso a B se le denota por A^{-1}. IN.: *inverse of a matrix* [**22**, p. 175].

1. Sea A una matriz cuadrada tal que $\det A \neq 0$. Denotemos por A_{ij} a la matriz que se obtiene borrando de A el i-ésimo renglón y la j-ésima columna. Sea $B = (b_{ij})$ la matriz cuyas entradas están dadas por

$$b_{ij} = \frac{(-1)^{i+j} \det A_{ji}}{\det A}.$$

Entonces, $A^{-1} = B^{\top}$ [**22**, p.175].

2. Se considera la matriz

$$(AI) = \begin{pmatrix} a_{11} & a_{12} & \cdots & a_{1n} & 1 & 0 & \cdots & 0 \\ a_{21} & a_{22} & \cdots & a_{2n} & 0 & 1 & \cdots & 0 \\ \vdots & \vdots & & \vdots & \vdots & \vdots & & \vdots \\ a_{n1} & a_{n2} & \cdots & a_{nn} & 0 & 0 & \cdots & 1 \end{pmatrix}.$$

Si se puede aplicar un número finito de veces las operaciones de pivoteo a la matriz (AI) hasta trasformarla en una matriz de la forma

$$(IB) = \begin{pmatrix} 1 & 0 & \cdots & 0 & b_{11} & b_{12} & \cdots & b_{1n} \\ 0 & 1 & \cdots & 0 & b_{21} & b_{22} & \cdots & b_{2n} \\ \vdots & \vdots & & \vdots & \vdots & \vdots & & \vdots \\ 0 & 0 & \cdots & 1 & b_{n1} & b_{n2} & \cdots & b_{nn} \end{pmatrix},$$

entonces B es la inversa de A [**4**, p. 89].

3. Si A y B son matrices que se pueden multiplicar y si las inversas de A y B existen entonces también existe la inversa de AB y además:

$$(AB)^{-1} = B^{-1}A^{-1}.$$

4. Si A^{-1} es la inversa de una matriz A con entradas en un campo $\mathbb{K}$ y $\alpha \in \mathbb{K}$, $\alpha \neq 0$ entonces:

$$(\alpha A)^{-1} = \alpha^{-1}A^{-1}.$$

5. Si A tiene inversa entonces $\det A \neq 0$ y además [**22**, p. 172]:

$$\det A^{-1} = (\det A)^{-1}$$

6. Si A^{-1} es la inversa de A se cumple que [**34**, §4.4] [**22**, p. 41]:
   (a) $(A^{-1})^{-1} = A$.
   (b) $(A^{\star})^{-1} = (A^{-1})^{\star}$.
   (c) $(A^{\top})^{-1} = (A^{-1})^{\top}$.
   (d) $A^{-1} = \text{adj}(A) \det A^{-1}$.

Inversa de una transformación lineal

Sean V y W dos espacios vectoriales sobre un mismo campo y T en $\mathscr{L}(V, W)$. Se dice que $S: W \to V$ es una inversa de T si,

$$ST = ST = I.$$

Si existe una inversa de T es única y se denota por T^{-1}. IN.: *inverse of a linear transformation* [**3**, p. 53].

✪

1. Si S es una inversa de $T \in \mathscr{L}(V, W)$ entonces S es una transformación lineal, en otras palabras, $S \in \mathscr{L}(W, V)$ [**22**, p. 68, teo. 4.3].
2. Una transformación lineal $T \in \mathscr{L}(V, W)$ tiene inversa si y solo si es un isomorfismo, es decir, si y solo si es biyectiva [**3**, prop. 3.17].
3. Sean V, W y U espacios vectoriales sobre un mismo campo. Sean $T \in \mathscr{L}(V, W)$ y $S \in \mathscr{L}(W, U)$. Si existen las inversas de S y T entonces existe la inversa de $ST \in \mathscr{L}(V, U)$ y además [**18**, p. 63]:
$$(ST)^{-1} = T^{-1}S^{-1}.$$

4. Sea $T \in \mathscr{L}(V)$, donde V es un espacio con producto interno. Si existe T^{-1} entonces [**22**, p. 41]:
$$(T^{\star})^{-1} = (T^{-1})^{\star}.$$

5. Sea V un espacio vectorial sobre un campo $\mathbb{K}$. Si existe un operador T^{-1} en $\mathscr{L}(W, V)$ para una transformación lineal $T \in \mathscr{L}(V, W)$ se cumple lo siguiente [**18**, p. 63]:
   (a) Si $\alpha \in \mathbb{K}$, $\alpha \neq 0$ entonces $(\alpha T)^{-1} = \alpha^{-1}T^{-1}$.
   (b) Se cumple que $(T^{-1})^{-1} = T$.

Invertible, matriz

Se dice que una matriz A cuadrada es invertible si tiene inversa, es decir si existe A^{-1} tal que:

$$A^{-1}A = AA^{-1} = I.$$

IN.: *invertible matrix* [**19**, p. 14].

✪ Sea A una matriz de $n \times n$. Las siguientes afirmaciones son equivalentes [**19**, p. 14]:
1. La matriz A es invertible.
2. Se cumple que ran $A = n$.

3. Dado $b = (b_1, b_2, \ldots, b_n)^\top$ el sistema de ecuaciones $Ax = b$ tiene una única solución.
4. La dimensión de Ran T_A es n.
5. La dimensión de Ker T_A es 0.
6. Las columnas de A son linealmente independientes.
7. Los renglones de A son linealmente independientes.
8. Se cumple que $\det A \neq 0$.
9. El 0 no es autovalor de A.

Invertible, transformación lineal

↪ « Isomorfismo ».

Inyectiva, función

Se dice que una función $f : A \to B$ es inyectiva si para todo a_1 y a_2 en A tales que $f(a_1) = f(a_2)$ se cumple que $a_1 = a_2$. Sin.(s): aplicación uno-a-uno. In.: *one-to-one function, injectiion* [**12**, p. 13].

Irreducible, polinomio

↪ « Polinomio irreducible ».

Isometría

Sean V y W espacios vectoriales normados sobre un mismo campo con normas $\| \cdot \|$ y $\| \cdot \|$ respectivamente. Una función $f : V \to W$ se dice que es una isometría si para todo v_1 y v_2 en V:

$$\| f(v_1) - f(v_2) \| = \| v_1 - v_2 \|.$$

In.: *isometry* [**12**, p. 285].

✿

1. Toda isometría es una aplicación inyectiva.
2. **Teorema de Mazur-Ulam:** Toda isometría $f : V \to W$ entre espacios vectoriales normados sobre $\mathbb{R}$ tal que $f(0) = 0$ es una transformación lineal [**35**].

Isométrico, operador

↪ « Unitario, operador ».

Isométricos, espacios vectoriales

Sean V y W espacios vectoriales normados sobre un mismo campo. Se dice que V y W son isométricos si existe una isometría de V en W sobreyectiva. In.: *Isometric vector normed spaces*.

Isomorfismo

Sean V y W dos espacios vectoriales sobre un mismo campo. Una transformación lineal $T \in \mathscr{L}(V, W)$ es un isomorfismo si es una función biyectiva. En este caso se dice que T es un isomorfismo de V sobre W. IN.: *Isomorphism.*

✪

1. Una transformación lineal $T \in \mathscr{L}(V, W)$ es un isomorfismo, es decir es biyectiva, si y solo si tiene inversa [**3**, prop. 3.17].
2. Sean V y W dos espacios vectoriales de la misma dimensión y sea $T \in \mathscr{L}(V, W)$. Las siguientes afirmaciones son equivalentes [**3**, p. 57]:
   (a) T es un isomorfismo.
   (b) Ker $T = \{0\}$.
   (c) Ran $T = W$.
   (d) T es sobre.
   (e) T es inyectiva.

Isomorfos, espacios vectoriales

Se dice que dos espacios vectoriales V y W son isomorfos si existe un isomorfismo de V sobre W. IN.: *isomorphic vector spaces.*

✪

1. Dos espacios vectoriales son isomorfos si y solo si tienen la misma dimensión [**3**, teo. 3.18].
2. Cualquier espacio vectorial V sobre un campo $\mathbb{K}$ de dimensión n es isomorfo a $\mathbb{K}^n$ [**18**, p. 15].

J

Jordan, base

Sea V un espacio vectorial. Una base $\mathbf{B}$ de V se llama base de Jordan respecto a $T \in \mathscr{L}(V)$ si $J = (T)_{\mathbf{B}}$ es una matriz de la forma:

$$
J = \begin{pmatrix}
B_1 & 0 & \cdots & 0 \\
0 & B_2 & \cdots & 0 \\
\vdots & \vdots & \ddots & \vdots \\
0 & 0 & \cdots & B_m
\end{pmatrix}
$$

67

donde cada B_i, $i = 1, 2 \ldots m$, es una matriz cuadrada bidiagonal superior de la forma

$$B_i = \begin{pmatrix} \lambda_i & 1 & 0 & \cdots & 0 & 0 \\ 0 & \lambda_i & 1 & \cdots & 0 & 0 \\ \vdots & \vdots & \vdots & \ddots & \vdots & \vdots \\ 0 & 0 & 0 & \cdots & \lambda_i & 1 \\ 0 & 0 & 0 & \cdots & 0 & \lambda_i \end{pmatrix}$$

y cada λ_i es un autovalor de T. IN.: *Jordan basis for an operator* [**3**, p. 186]. A cada B_i se le llama **bloque de Jordan**. IN.: *Jordan block*.

❂ Sea V un espacio vectorial sobre $\mathbb{C}$ de dimensión n y $T \in \mathscr{L}(V)$. Sean $\lambda_1, \lambda_2, \ldots, \lambda_m$ distintos autovalores de T. Si para cada índice $i = 1, 2, \ldots, m$, $V_i = \mathrm{Ker}\,(T - \lambda_i I)^n$ entonces

$$V = V_1 \oplus V_2 \oplus \cdots \oplus V_m$$

y se cumple lo siguiente [**3**, p. 174 ss]:

1. El espacio V_i es invariante bajo T.
2. El operador $S_i = (T - \lambda_i I)|_{V_i}$ es nilpotente.
3. Existe una base $\mathbf{B}_i$ de V_i tal que

$$(S_i)_{\mathbf{B}_i} = \begin{pmatrix} N_1^i & 0 & \cdots & 0 \\ 0 & N_2^i & \cdots & 0 \\ \vdots & \vdots & \ddots & \vdots \\ 0 & 0 & \cdots & N_{\nu_i}^i \end{pmatrix}$$

donde para $j = 1, 2, \ldots, \nu_i$:

$$N_j^i = \begin{pmatrix} 0 & 1 & 0 & \cdots & 0 & 0 \\ 0 & 0 & 1 & \cdots & 0 & 0 \\ \vdots & \vdots & \vdots & \ddots & \vdots & \vdots \\ 0 & 0 & 0 & \cdots & 0 & 1 \\ 0 & 0 & 0 & \cdots & 0 & 0 \end{pmatrix}.$$

4. Por tanto, la base $\mathbf{B}_i$ satisface también:

$$\left(T|_{V_i}\right)_{\mathbf{B}_i} = \begin{pmatrix} B_1^i & 0 & \cdots & 0 \\ 0 & B_2^i & \cdots & 0 \\ \vdots & \vdots & \ddots & \vdots \\ 0 & 0 & \cdots & B_{\nu_i}^i \end{pmatrix}$$

donde para $j = 1, 2, \ldots, \nu_i$:

$$B_j^i = \begin{pmatrix} \lambda_i & 1 & 0 & \cdots & 0 & 0 \\ 0 & \lambda_i & 1 & \cdots & 0 & 0 \\ \vdots & \vdots & \vdots & \ddots & \vdots & \vdots \\ 0 & 0 & 0 & \cdots & \lambda_i & 1 \\ 0 & 0 & 0 & \cdots & 0 & \lambda_i \end{pmatrix}$$

(si $j \neq k$ los bloques B_j^i y B_k^i no necesariamente tienen las mismas dimensiones).

5. El conjunto $\mathbf{B} = \bigcup_{i=1}^m \mathbf{B}_i$ es una base de Jordan para T y

$$(T)_{\mathbf{B}} = \begin{pmatrix} \left(T|_{V_1}\right)_{\mathbf{B}_1} & 0 & \cdots & 0 \\ 0 & \left(T|_{V_2}\right)_{\mathbf{B}_2} & \cdots & 0 \\ \vdots & \vdots & \ddots & \vdots \\ 0 & 0 & \cdots & \left(T|_{V_m}\right)_{\mathbf{B}_m} \end{pmatrix}$$

6. El número de veces que aparece λ_i en $(T)_{\mathbf{B}}$ es

$$\mu_i = \dim V_i = \dim \mathrm{Ker}\,(T - \lambda_i)^n.$$

Es decir, aparece tantas veces como la multiplicidad algebraica de λ_i.

7. El número de bloques de Jordan correspondiente a cada autovalor λ_i es

$$\nu_i = \dim \mathrm{Ker}\, S_i = \dim \mathrm{Ker}\,(T - \lambda_i I).$$

Por tanto, ν_i es la multiplicidad geométrica de λ_i.

En particular, si V es un espacio vectorial sobre $\mathbb{C}$ entonces siempre existe una base de Jordan para cada operador $T \in \mathscr{L}(V)$ [**3**, teo. 8.47].

Jordan, bloque

$\hookrightarrow$ « Jordan, base ».

Jordan, forma canónica de una matriz

Sea A una matriz con entradas en un campo $\mathbb{K}$ de $n \times n$. Si existe una base de Jordan $\mathbf{B}$ de $\mathbb{K}^n$ respecto a $\mathrm{T}_A \in \mathscr{L}(\mathbb{K}^n)$ a la matriz

$$J = (\mathrm{T}_A)_{\mathbf{B}}$$

se le llama forma canónica de Jordan de la matriz A. IN.: *Jordan normal form of a matrix* [**22**, p. 264].

1. Si A admite una forma canónica de Jordan J entonces existe una matriz invertible $S = (I)_{\mathbf{B},\mathbf{B}'}$ donde $\mathbf{B}'$ es la base canónica de $\mathbb{K}^n$ tal que [**22**, p. 92, teo. 3.6]:

$$J = S^{-1}AS.$$

2. Toda matriz cuadrada y compleja admite una forma canónica de Jordan [**3**, teo. 8.47].

Kernel de una transformación lineal
$\hookrightarrow$ « Núcleo de una transformación lineal ».

Kronecker, producto

Sean $A = (a_{ij})$ y $B = (b_{ij})$ matrices con entradas en un campo $\mathbb{K}$ de dimensiones $m \times n$ y $r \times s$ respectivamente. Se define el producto de Kronecker de A y B como la siguiente matriz de $mr \times ns$:

$$A \otimes B = \begin{pmatrix} a_{11}\begin{pmatrix} b_{11} & \cdots & b_{1s} \\ \vdots & & \vdots \\ b_{r1} & \cdots & b_{rs} \end{pmatrix} & \cdots & a_{1n}\begin{pmatrix} b_{11} & \cdots & b_{1s} \\ \vdots & & \vdots \\ b_{r1} & \cdots & b_{rs} \end{pmatrix} \\ \vdots & & \vdots \\ a_{m1}\begin{pmatrix} b_{11} & \cdots & b_{1s} \\ \vdots & & \vdots \\ b_{r1} & \cdots & b_{rs} \end{pmatrix} & \cdots & a_{mn}\begin{pmatrix} b_{11} & \cdots & b_{1s} \\ \vdots & & \vdots \\ b_{r1} & \cdots & b_{rs} \end{pmatrix} \end{pmatrix}$$

IN.: *Kronecker product* [**23**, p. 139].

✪[**23**, p. 139 ss]:
1. Sean A, B y C matrices en un campo $\mathbb{K}$ y $\alpha \in \mathbb{K}$. Entonces si los elementos involucrados en las afirmaciones siguientes tienen sentido entonces se satisfacen:
   (a) $A \otimes (B + C) = A \otimes B + A \otimes C$.
   (b) $(A + B) \otimes C = A \otimes C + B \otimes C$.
   (c) $(\alpha A) \otimes B = A \otimes (\alpha B) = \alpha(A \otimes B)$.
   (d) $(A \otimes B) \otimes C = A \otimes (B \otimes C)$.

2. Sean A y C matrices que se puedan multiplicar y B y D otras dos matrices que se pueden multiplicar entonces,

$$(A \otimes B)(C \otimes D) = AC \otimes BD.$$

3. Si A y B son dos matrices entonces ran $(A \otimes B) = $ ran A ran B.
4. Para cualesquiera dos matrices cuadradas A y B se tiene que:
   (a) tr $(A \otimes B) = $ tr $A \cdot$ tr B.
   (b) $(A \otimes B)^\star = A^\star \otimes B^\star$.
   (c) Si además A y B son de $n \times n$ y $m \times m$ respectivamente entonces

   $$\det(A \otimes B) = (\det A)^m \, (\det B)^n.$$

   (d) Si A y B son inveribles entonces también lo es $A \otimes B$ y,

   $$(A \otimes B)^{-1} = A^{-1} \otimes B^{-1}.$$

   (e) Si A y B son normales, también lo es $A \otimes B$.
   (f) Si A y B son unitarias, también lo es $A \otimes B$.
   (g) Si A y B son autoadjuntas, también lo es $A \otimes B$.
   (h) Si I tiene las mismas dimensiones que A entonces se cumple que para todo número natural k:

   $$(I \otimes A)^k = I \otimes A^k$$

   Además,

   $$\exp(I \otimes A) = I \otimes \exp A.$$

   (i) Si λ es un autovalor de A y μ es un autovalor de B entonces $\lambda \cdot \mu$ es un autovalor de $A \otimes B$.
   (j) *Relación con la suma de Kronecker.* Si A y B tienen las mismas dimensiones entonces:

   $$\exp(A \oplus B) = \exp A \otimes \exp B.$$

Kronecker, suma

Sean A y B matrices cuadradas con entradas en un campo $\mathbb{K}$ de dimensiones $n \times n$ y $m \times m$ respectivamente. Se define la suma de Kronecker de A y B como la siguiente matriz de $mn \times nm$:

$$A \oplus B = (I_n \otimes A) + (B \otimes I_m).$$

IN.: *Kronecker sum, tensor sum* [**23**, p. 142].

✪ Sean A y B matrices cuadradas. Si λ es un autovalor de A y μ es un autovalor de B entonces $\lambda + \mu$ es un autovalor de $A \otimes B$ [**23**, p. 142 ss].

L

Linealmente dependientes, vectores

Sea V un espacio vectorial sobre un campo $\mathbb{K}$. Se dice que un subconjunto $\{v_1, v_2, \ldots, v_n\}$ de V es linealmente dependiente si no es linealmente independiente. En otras palabras, $\{v_1, v_2, \ldots, v_n\}$ es linealmente dependiente si y solo si existen escalares $\alpha_1, \alpha_2, \ldots, \alpha_n$ no todos iguales a cero tales que

$$\alpha_1 v_1 + \alpha_2 v_2 + \cdots \alpha_n v_n = 0.$$

IN.: *linearly dependent set* [**22**, p. 10].

Linealmente independiente, conjunto maximal

Sea V un espacio vectorial sobre un campo $\mathbb{K}$. Un subconjunto $\{v_1, v_2, \ldots, v_n\}$ de V se dice que es un conjunto maximal linealmente independiente si:

1. El conjunto $\{v_1, v_2, \ldots, v_n\}$ es linealmente independiente.
2. Para todo vector u que no está en $\{v_1, v_2, \ldots, v_n\}$, se cumple que el conjunto $\{v_1, v_2, \ldots, v_n, u\}$ es linealmente dependiente.

IN.: *maximal set of linearly independent elements* [**22**, p. 17].

✪ Si $\{v_1, v_2, \ldots, v_n\}$ es un conjunto maximal linealmente independiente entonces es una base para el espacio vectorial V [**22**, p. 17].

Linealmente independientes, vectores

Sea V un espacio vectorial sobre un campo $\mathbb{K}$. Se dice que un subconjunto $\{v_1, v_2, \ldots, v_n\}$ de V es linealmente independiente si para cualesquiera escalares $\alpha_1, \alpha_2, \ldots, \alpha_n \in \mathbb{K}$ tales que

$$\alpha_1 v_1 + \alpha_2 v_2 + \cdots \alpha_n v_n = 0,$$

se cumple que $\alpha_i = 0$, para todo $i = 1, 2, \ldots, n$. IN.: *linearly independent set* [**22**, p. 10].

LU, descomposición

Se dice que una matriz cuadrada A admite una descomposición LU si existe L matriz triangular inferior y U matriz triangular superior, tales que

$$A = LU.$$

IN.: *LU-factorization* [**19**, p. 159].

✪ Si todos los menores principales de una matriz A cuadrada son no singulares entonces A admite una descomposición LU, [**19**, p. 160, teo. 3.5.2].

Mapeo
↪ « Función ».

Matriz
Sea $\mathbb{K}$ un campo y n y m números enteros mayores o iguales a 1. A un arreglo de escalares de $\mathbb{K}$:

$$A = \begin{pmatrix} a_{11} & a_{12} & \cdots & a_{1n} \\ a_{21} & a_{22} & \cdots & a_{2n} \\ \vdots & \vdots & & \vdots \\ a_{m1} & a_{m2} & \cdots & a_{mn} \end{pmatrix}$$

se le llama matriz con entradas en $\mathbb{K}$. Se dice que A tiene **dimensiones** $m \times n$ o simplemente que A es una matriz de $m \times n$. A veces para abreviar se escribe $A = (a_{ij})$, $i = 1, 2, \ldots, m$ y $j = 1, 2, \ldots, n$. IN.: *matrix in $\mathbb{K}$ of dimensions $m \times n$* [**22**, p. 23]. Toda matriz se puede ver como una transformación lineal de $\mathbb{K}^n$ a $\mathbb{K}^m$ ↪ « Transformación lineal asociada a una matriz ».

Matriz asociada a una función bilineal
Sea $\mathbb{K}$ un campo. Dada una forma bilineal $g : \mathbb{K}^m \times \mathbb{K}^n \to \mathbb{K}$ existe una única matriz de $m \times n$,

$$A = (a_{ij}) = (g(e_i, f_j)),$$

tal que

$$g(x, y) = x^\top A y$$

para todo $x \in \mathbb{K}^m$ y para todo $y \in \mathbb{K}^n$, donde e_i es el i-ésimo elemento de la base canónica en $\mathbb{R}^m$ y f_j es el j-ésimo elemento de la base canónica de $\mathbb{R}^n$; $i = 1, 2, \ldots, m$ y $j = 1, 2, \ldots, n$. A la matriz A se le llama matriz asociada a la función bilineal g. IN.: *matrix associated to a bilinear map* [**22**, p. 120, teo. 4.1].

Matriz asociada a una forma bilineal respecto a una base

Sea V un espacio vectorial de dimensión n. Dada una forma bilineal $g : V \times V \to \mathbb{K}$, la matriz asociada a g respecto a una base $\mathbf{B} = \{v_1, v_2, \ldots, v_n\}$ es la matriz:

$$A = (a_{ij}) = (g(v_i, v_j)),$$

donde $i, j = 1, 2, \ldots, n$, IN.: *matrix associated to a bilinear map relative to a basis* [**6**, p. 128].

❂ Sean V un espacio vectorial de dimensión n, $g : V \times V \to \mathbb{K}$ una forma bilineal y $\mathbf{B}$ y $\mathbf{B}'$ dos bases de V. Si A es la matriz asociada a g respecto a $\mathbf{B}$ entonces la matriz asociada a g respecto a $\mathbf{B}'$ es $S^\top A S$, donde $S = (I)_{\mathbf{B},\mathbf{B}'}$ [**6**, p. 129, teo. 9.1].

Matriz (real) asociada a una forma cuadrática

↪ « Cuadrática, forma asociada a una forma bilineal simétrica ».

Matriz asociada a un operador o transformación lineal

Sean V y W dos espacios vectoriales sobre un campo $\mathbb{K}$. Sean

$$\mathbf{B} = \{v_1, v_2, \ldots, v_n\} \quad \text{y} \quad \mathbf{B}' = \{w_1, w_2, \ldots, w_m\}$$

bases de V y W respectivamente. Sea $T \in \mathscr{L}(V, W)$. Se define la matriz asociada a la transformación lineal T respecto a las bases $\mathbf{B}$ y $\mathbf{B}'$ como la matriz:

$$(T)_{\mathbf{B},\mathbf{B}'} = \begin{pmatrix} a_{11} & a_{12} & \cdots & a_{1n} \\ a_{21} & a_{22} & \cdots & a_{2n} \\ \vdots & \vdots & & \vdots \\ a_{m1} & a_{m2} & \cdots & a_{mn} \end{pmatrix}.$$

donde la columna j-ésima columna de $(T)_{\mathbf{B},\mathbf{B}'}$ está formada por los escalares correspondientes a la *única* combinación lineal de $T(v_j) \in W$ en términos de la base $\mathbf{B}'$, es decir:

$$
\begin{aligned}
T(v_1) &= a_{11} w_1 + a_{21} w_2 + \cdots + a_{m1} w_m \\
T(v_2) &= a_{12} w_1 + a_{22} w_2 + \cdots + a_{m2} w_m \\
&\vdots \\
T(v_n) &= a_{1n} w_1 + a_{2n} w_2 + \cdots + a_{mn} w_m.
\end{aligned}
$$

Si $T \in \mathscr{L}(V)$ y $\mathbf{B} = \mathbf{B}'$ escribimos simplemente $(T)_{\mathbf{B}}$ en lugar de $(T)_{\mathbf{B},\mathbf{B}}$. IN.: *matrix associated to a linear transformation* [**22**, p. 88].

❂[**22**, p. 89 ss] [**18**, p. 67]:

1. Sean V y W dos espacios vectoriales sobre un mismo campo, $T \in \mathscr{L}(V, W)$, $\mathbf{B}$ una base para V y $\mathbf{B}'$ una base para W. Sea $\mathbf{I_B}$ el isomorfismo que a cada v en V le asocia su coordenada respecto a la base $\mathbf{B}$ en forma de columna. Sea $\mathbf{I_{B'}}$ el isomorfismo que a cada w en W le asocia su coordenada respecto a la base $\mathbf{B}'$ en forma de columna. Entonces para todo v en V:

$$\mathbf{I_{B'}}(T(v)) = (T)_{\mathbf{B},\mathbf{B}'}\mathbf{I_B}(v).$$

2. Si V un espacio vectorial y $\mathbf{B}$ una base para V,

$$I = (I)_{\mathbf{B}}.$$

Más aún, si $\mathbf{B}'$ es otra base de V:

$$I = (I)_{\mathbf{B},\mathbf{B}'}(I)_{\mathbf{B}',\mathbf{B}}.$$

3. Sea $\mathbb{K}$ un campo. Si $\mathbf{B}$ es la base canónica de $\mathbb{K}^m$ y $\mathbf{B}'$ es la base canónica de $\mathbb{K}^n$ entonces $(T_A)_{\mathbf{B},\mathbf{B}'} = A$ para cualquier matriz A de $n \times m$ con entradas en $\mathbb{K}$.

4. Sean V y W dos espacios vectoriales sobre un campo $\mathbb{K}$ con bases $\mathbf{B}$ y $\mathbf{B}'$ respectivamente. Si $T, S \in \mathscr{L}(V, W)$ y $\alpha \in \mathbb{K}$ entonces:

$$\begin{aligned}(T + S)_{\mathbf{B},\mathbf{B}'} &= (T)_{\mathbf{B},\mathbf{B}'} + (S)_{\mathbf{B},\mathbf{B}'}, \\ (\alpha T)_{\mathbf{B},\mathbf{B}'} &= \alpha(T)_{\mathbf{B},\mathbf{B}'}.\end{aligned}$$

5. Sean V, W y U tres espacios vectoriales sobre el mismo campo. Sean $\mathbf{B}, \mathbf{B}'$ y $\mathbf{B}''$ bases de V, W y U respectivamente. Si $T \in \mathscr{L}(V, W)$ y $S \in \mathscr{L}(W, U)$ entonces

$$(ST)_{\mathbf{B},\mathbf{B}''} = (S)_{\mathbf{B}',\mathbf{B}''}(T)_{\mathbf{B},\mathbf{B}'}.$$

En particular, si $T \in \mathscr{L}(V)$ entonces para cualquier k natural,

$$\left(T^k\right)_{\mathbf{B}} = (T)_{\mathbf{B}}^k.$$

6. Sea $T \in \mathscr{L}(V)$ y sean $\mathbf{B}$ y $\mathbf{B}'$ dos bases para V. Entonces existe una matriz invertible $N = (I)_{\mathbf{B}',\mathbf{B}}$ tal que,

$$(T)_{\mathbf{B}'} = N^{-1}(T)_{\mathbf{B}}N.$$

En otras palabras $(T)_{\mathbf{B}'}$ y $(T)_{\mathbf{B}}$ son matrices similares.

7. Sean V y W dos espacios vectoriales sobre un mismo campo, $\mathbf{B}$ una base para V y $\mathbf{B}'$ una base para W. Entonces la función que a cada $T \in \mathscr{L}(V, W)$ le asocia la matriz $(T)_{\mathbf{B},\mathbf{B}'}$ es un isomorfismo de $\mathscr{L}(V, W)$ sobre $\mathrm{Mat}_{m \times n}(\mathbb{K})$.

Matriz de cofactores

La matriz de cofactores de una matriz cuadrada $A = (a_{ij})$ es la matriz $\text{Cof}(A)$ cuya ij-entrada es el ij-cofactor de A. IN.: *cofactor matrix of a matrix* [**34**, p. 231].

Matriz transpuesta conjugada

↪ « Adjunta, matriz ».

Máximo común divisor de dos polinomios

Sean $p(z)$ y $q(z)$ dos polinomios diferentes de 0 sobre un campo $\mathbb{K}$. Un máximo común divisor de $p(z)$ y $q(z)$ es un polinomio $d(z)$ que satisface lo siguiente:

1. El polinomio $d(z)$ es divisor común de $p(z)$ y $q(z)$.
2. Si $c(z)$ es otro divisor común de $p(z)$ y $q(z)$ entonces es divisor de $d(z)$.

A un máximo común divisor de $p(z)$ y $q(z)$ se le suele denotar por $\text{mcd}(p(z), q(z))$. IN.: *greatest common divisor between two polynomials* [**22**, p. 250].

⊙ Si $d_1(z)$ y $d_2(z)$ son máximos común divisores de $p(z)$ y $q(z)$ entonces $d_1(z) = \alpha d_2(z)$, para algún $\alpha \neq 0$ en $\mathbb{K}$ [**22**, p. 250].

Máximo o mínimo de un conjunto

El máximo [mínimo] de un subconjunto A de $\mathbb{R}$, si existe, es el elemento $a \in A$ tal que para todo $x \in A$, $x \leq a$ [$a \leq x$]. Se denota por $\text{máx} A$. IN.: *maximum [minimum] of a set*

Máximo o mínimo, valor de una función sobre un conjunto

Sea $f : A \to \mathbb{R}$ una función. El valor máximo [mínimo] de f sobre un subconjunto C de A, si existe, se denota por

$$\text{máx}_{x \in C} f(x),$$

y se define como el máximo [mínimo] del conjunto $\{f(x) : x \in C\}$. IN.: *maximum [minimum] value of a function*. Si $x^* \in C$ satisface que $f(x^*) = \text{máx}_{x \in C} f(x)$ se dice que f « alcanza su valor máximo [mínimo] » en x^*. En este caso, para todo $x \in C$:

$$f(x) \leq f(x^*) \qquad [f(x^*) \leq f(x)].$$

Al conjunto de valores de C donde la función f alcanza su valor máximo [mínimo] se le denota por:

$$\text{argmax}_{x \in C} f(x) \qquad [\text{argmín}_{x \in C} f(x)].$$

Para el caso particular en que el conjunto C esté establecido de la forma $C = \{x : P(x)\}$ donde $P(x)$ es una propiedad que se supone cierta para x, se escribe

$$\text{máx}_{P(x)} f(x) \qquad [\text{mín}_{P(x)} f(x)],$$

en lugar de $\text{máx}_{x \in C} f(x)$ $[\text{mín}_{x \in C} f(x)]$. Por ejemplo si C es el conjunto $\{x : \|x\| = a\}$ donde V es un espacio vectorial con norma $\|\cdot\|$ se suele escribir $\text{máx}_{\|x\| = a} f(x)$ $[\text{mín}_{\|x\| = a} f(x)]$.

Máximo o mínimo global de una función

Sean A un conjunto y $f : A \to \mathbb{R}$. Al máximo [mínimo] de f sobre A se le llama máximo [mínimo] global de f. Sin.(s): máximo [mínimo] absoluto. In.: *global maximum [minimum], absolute maximum [minimum]*.

Mazur-Ulam, teorema

$\hookrightarrow$ « Isometría ».

Menor de una matriz

El ij-menor de una matriz A es el determinante de la submatriz que resulta de eliminar de A el renglón i y la columna j.

$$i \begin{pmatrix} \overset{\displaystyle j}{a_{11}} & \cdots & \vline & \cdots & a_{1n} \\ \vdots & & \vline & & \vdots \\ \hline \vdots & & \vline & & \vdots \\ a_{n1} & \cdots & \vline & \cdots & a_{nn} \end{pmatrix}$$

In.: *minor of a matrix* [**22**] [**19**, p. 17].

Menor principal de una matriz

El menor principal de una matriz A de $n \times n$, es un ii-menor, para $i = 1, 2, \dots, n$. In.: *pricipal minor of a matrix* [**22**] [**19**, p. 17].

Mínimos cuadrados

Sean V un espacio vectorial con producto interno $\langle \cdot, \cdot \rangle$ y $\|\cdot\|$ su norma inducida y sea U un subespacio de V. Dado $v \in V$, se está interesado en encontrar un $u_v \in U$ que minimice el conjunto

$$\{\|u - v\| : u \in U\}.$$

A u_v se le llama estimado en mínimos cuadrados de v en U. In.: *least-squares estimate of v in U*. El teorema de la proyección ortogonal nos dice que $u_v = P(v)$, donde $P : V \to U$ es la proyección ortogonal de V en U. En particular, $P(v)$ es el único vector en U que satisface [**38**, p. 187 ss]:

$$\langle P(v) - v, u \rangle = 0, \quad \forall u \in U.$$

Un ejemplo particularmente común es el siguiente. Dados un conjunto finito de pares ordenados $\{(x_i, y_i) \in \mathbb{R}^2 : i = 1, 2, \ldots, m\}$ y un número natural $n < m - 1$, el problema es encontrar un polinomio $p_n(x) = a_n x^n + \cdots + a_2 x^2 + a_1 x + a_0$, que minimice el error

$$\sum_{i=1}^{m} (p_n(x_i) - y_i)^2.$$

Se puede enmarcar el problema anterior en el contexto de espacios vectoriales como sigue. Sea

$$A = \{x_1, x_2, \ldots, x_m\} \subset \mathbb{R}.$$

Se considera el espacio vectorial H de funciones $f : A \to \mathbb{R}$. Si f y g están en H, se define el producto interno de f y g por

$$\langle f, g \rangle = \sum_{i=1}^{m} f(x_i) g(x_i).$$

Para $k = 0, 1, \ldots, n$, se consideran las funciones $e^k \in H$ definidas por $e^k(x_i) = x_i^k$, para $i = 1, 2, \ldots m$. Sea $v \in H$ la función $v(x_i) = y_i$, $i = 1, 2, \ldots, m$. Se pretende encontrar $p_n \in U = \text{span} \{e^0, e^1, \ldots, e^n\}$ tal que

$$\langle v - p_n, q \rangle = 0, \quad \forall q \in U.$$

Por tanto, basta que se cumpla $\langle v - p_n, e^k \rangle = 0$, para $k = 0, 1, 2 \ldots, n$. Luego, para encontrar a p_n se precisa resolver el sistema de ecuaciones lineales:

$$\langle e^k, v \rangle = \sum_{s=0}^{n} a_s \langle e^k, e^s \rangle, \quad k = 0, 1, 2, \ldots, n.$$

Módulo de un número complejo

Si $z = a + b\mathbf{i}$ es un número complejo, se define su módulo como sigue:

$$|z| = \sqrt{a^2 + b^2}.$$

SIN. (S): valor absoluto de un número complejo. IN.: *modulus of a complex number* [**1**, p. 7].

⊛ Sean z_1 y z_2 son números complejos. Se cumple lo siguiente [**1**, p. 8 ss]:

1. $|z_1 + z_2|^2 = |z_1|^2 + |z_2|^2 + 2\text{Re } z_1\overline{z_2}$.
2. $|z_1 - z_2|^2 = |z_1|^2 + |z_2|^2 - 2\text{Re } z_1\overline{z_2}$.
3. $|z_1 \cdot z_2| = |z_1||z_2|$.
4. $||z_1| - |z_2|| \le |z_1 - z_2|$.
5. $|z_1 + z_2| \le |z_1| + |z_2|$
6. Si $z_2 \neq 0$ entonces $\left|\dfrac{z_1}{z_2}\right| = \dfrac{|z_1|}{|z_2|}$.

Mónico, polinomio

↪ « Polinomio mónico ».

Multilineal, forma (alternate, simétrica)

Sea V un espacio vectorial sobre un campo $\mathbb{K}$ y n un número natural. Una forma multilineal es una función

$$g : V^n \to \mathbb{K}$$

que es lineal en cada variable, es decir, si para cada $i = 1, 2, \ldots, n$, la aplicación $v_i \mapsto g(v_1, v_2, \ldots, v_n)$ es una aplicación lineal. IN.: *multilinear form* [**22**, p. 147]. Se dice que g es **alternante** cuando

$$g(v_1, v_2, \ldots, v_n) = 0,$$

si la secuencia $v_1, v_2, \ldots, v_n$ contiene alguna repetición. Para el caso $n = 1$, se entiende que toda forma lineal es alternante . Se dice que g es **simétrica** si

$$g(v_1, v_2, \ldots, v_n) = g(v_{i_1}, v_{i_2}, \ldots, v_{i_n}),$$

donde la n-tupla $(i_1, i_2, \ldots i_n)$ es una permutación de $(1, 2, \ldots, n)$ IN.: *alternating, symmetric multilinear form* [**28**, p. 6 y p. 10].

Multiplicación de matrices

↪ « Producto de matrices ».

Multiplicación de una matriz por un escalar

↪ « Espacio vectorial de matrices ».

Multiplicación de una matriz por un vector

Sea A una matriz de $m \times n$ y sea $x = (x_1, \ldots x_n)^\top$ un vector en $\mathbb{R}^n$. La multiplicación de A por el vector x es el producto de la matriz A por el vector x visto como una matriz de $n \times 1$. Se puede calcular equivalentemente de las siguientes formas [**34**]:

1. *En términos de las columnas de A.* Si $C_1, C_2, \ldots, C_n$ son las columnas de A entonces Ax es una combinación lineal de las columnas de A, más precisamente:

$$Ax = x_1 C_1 + x_2 C_2 + \cdots + x_n C_n$$

2. *En términos de los renglones de A.* Si además A es real y $R_1, R_2, \ldots, R_n$ son los renglones de A entonces:

$$Ax = \begin{pmatrix} R_1 \cdot x \\ R_2 \cdot x \\ \vdots \\ R_n \cdot x \end{pmatrix}.$$

✪ Si A es una matriz de $m \times n$ y B es una matriz de $n \times k$ con columnas $B_1, B_2, \ldots, B_k$ entonces AB es la matriz cuya i-ésima columna es la multiplicación de A por la columna B_i de B:

$$AB = (AB_1 \quad AB_2 \quad \cdots \quad AB_k).$$

↪ « Transformación lineal asociada a una matriz »

Multiplicación por escalar

El término « multiplicación por escalar », dentro del contexto de espacios vectoriales, se refiere a la multiplicación de un vector por un escalar. No confundir con « producto escalar ». IN.: *scalar multiplication* [**3**, p. 9].

Multiplicidad algebraica del autovalor de un operador

Sea V un espacio vectorial de dimensión n y T un operador en $\mathscr{L}(V)$. La multiplicidad algebraica de un autovalor λ del operador T se define como:

$$\mu_\lambda = \dim \operatorname{Ker}(T - \lambda I)^n.$$

IN.: *algebraic multiplicity of λ* [**3**, p. 171] cf. [**18**, p. 104].

✪

1. Sean V un espacio vectorial de dimensión n sobre $\mathbb{C}$ y $T \in \mathscr{L}(V)$. La suma de las multiplicidades algebraicas de todos los autovalores de T es igual a n [**3**, p. 172, prop. 8.18].
2. *Relación con la multiplicidad algebraica de una matriz.* Sea V un espacio vectorial sobre $\mathbb{K}$ y sea $T \in \mathscr{L}(V)$.
   (a) *Caso real.* Si $\mathbb{K} = \mathbb{R}$ existe una base **B** de V tal que $(T)_\mathbf{B}$ es una matriz de la forma:

$$\begin{pmatrix} M_1 & \star & \cdots & \star \\ 0 & M_2 & & \vdots \\ \vdots & & \ddots & \star \\ 0 & \cdots & 0 & M_m \end{pmatrix},$$

donde cada M_j es una matriz de 2×2 sin autovalores o es una matriz de 1×1 cuya única entrada es un autovalor de T. Además, para cada autovalor λ de T hay exactamente μ_λ matrices

$$M_i = (\lambda)$$

para algún índice $i = 1, 2, \ldots, m$. Por tanto el número μ_λ es la multiplicidad algebraica de λ como autovalor de la matriz $(T)_{\mathbf{B}}$ [**3**, p. 202].

(b) *Caso complejo.* Si $\mathbb{K} = \mathbb{C}$ existe una base **B** de V tal que $(T)_{\mathbf{B}}$ es una matriz triangular superior cuya diagonal está compuesta con los autovalores de T.

$$
\begin{pmatrix}
\lambda_1 & \star & \cdots & \cdots & & & \star \\
0 & \ddots & & & & & \\
& & \lambda_1 & \ddots & & & \vdots \\
\vdots & & \ddots & \ddots & \ddots & & \vdots \\
\vdots & & & \ddots & \lambda_m & & \\
& & & & & \ddots & \star \\
0 & & \cdots & \cdots & & 0 & \lambda_m
\end{pmatrix}
$$

Además μ_λ es igual a la cantidad de veces que aparece λ en la diagonal de $(T)_{\mathbf{B}}$. También en este caso, μ_λ es la multiplicidad algebraica de λ como autovalor de la matriz $(T)_{\mathbf{B}}$ [**3**, p. 176].

3. *Relación con la forma canónica de Jordan* $\hookrightarrow$ «Jordan, base».

Multiplicidad algebraica del autovalor de una matriz

Sea A una matriz cuadrada y sea λ un autovalor de A. Se define la multiplicidad algebraica de λ como la multiplicidad de λ como raíz del polinomio característico de A [**19**, p. 58]. IN.: *algebraic multiplicity of an eigenvalue.*

Multiplicidad de una raíz

Sea $\mathbb{K}$ un campo y p un polinomio sobre $\mathbb{K}$ de grado m. Se dice que una raíz $\alpha \in \mathbb{K}$ tiene multiplicidad n si existe un polinomio q tal que $q(\alpha) \neq 0$ y

$$p(z) = (z - \alpha)^n q(z),$$

para todo $z \in \mathbb{K}$. IN.: *multiplicity of a root* [**22**, p. 253].

Multiplicidad geométrica del autovalor de un operador

Sea V un espacio vectorial de dimensión n y T un operador de $\mathscr{L}(V)$. La multiplicidad geométrica de un autovalor λ de T es:

$$\nu_\lambda = \dim \mathrm{Ker}\,(T - \lambda I).$$

IN.: *geometric multiplicity of an eigenvalue* [**3**, p. 171].

❂

1. Sea V un espacio vectorial y sea T en $\mathscr{L}(V)$ diagonalizable. Existe una base **B** de V tal que $(T)_\mathbf{B}$ es una matriz diagonal y cada entrada de la diagonal es un autovalor de T. Si λ es un autovalor de T entonces ν_λ es igual a las veces que aparece el autovalor λ en la diagonal de $(T)_\mathbf{B}$ [**3**, p. 168]. En este caso, la multiplicidad geométrica y la algebraica coinciden.
2. La multiplicidad geométrica de un autovalor λ es menor o igual su multiplicidad algebraica [**18**, p. 105].
3. *Relación con la forma canónica de Jordan* $\hookrightarrow$ «Jordan, base».

Multiplicidad geométrica del autovalor de una matriz

Si A es una matriz cuadrada y λ es un autovalor de A, la multiplicidad geométrica de λ es la dimensión del subespacio $\mathrm{Ker}\,(\mathrm{T}_A - \lambda I)$.
IN.: *geometric multiplicity of a matrix* [**19**, p. 58].

N

n-tupla

Una 2-tupla es un arreglo:

$$(a_1, a_2)$$

con la siguiente propiedad, $(a_1, a_2) = (b_1, b_2)$ si y solo si $a_1 = b_1$ y $a_2 = b_2$. Si n es un número natural mayor que 2, se define la n-tupla como el arreglo:

$$(a_1, a_2, \ldots, a_n) = ((a_1, a_2, \ldots, a_{n-1}), a_n).$$

IN.: *n-tuple* [**21**, p. 7].

❂ $(a_1, a_2, \ldots, a_n) = (b_1, b_2, \ldots, b_n)$ si y solo si $a_i = b_i$ para todo índice $i = 1, 2, \ldots, n$. Notar que $(a_1, (a_2, a_3)) \neq ((a_1, a_2), a_3)$.

Necesaria, condición

↪ « Condicional, proposición ».

Nilpotente, matriz

Se dice que una matriz cuadrada A es nilpotente si existe un número natural q tal que

$$A^q = 0.$$

IN.: *nilpotent matrix*. Al menor natural q tal que $A^q = 0$ se le llama **índice de nilpotencia** de A. IN.: *index of nilpotence* [**19**, p. 37].

❂ Sea A una matriz nilpotente de $n \times n$.

1. Se cumple que $A^n = 0$ [**19**, p. 148].
2. Cero es el único autovalor de A además $\det A = \operatorname{tr} A = 0$ [**19**, p. 37].
3. El polinomio característico de A es [**19**, p. 139]:

$$\mathbb{P}_A(z) = z^n.$$

Nilpotente, operador

Sea V un espacio vectorial. Se dice que un operador $T \in \mathscr{L}(V)$ es nilpotente si existe un número natural q tal que

$$T^q = 0.$$

IN.: *nilpotent operator*. Al menor natural q tal que $T^q = 0$ se le llama **índice de nilpotencia** de T. IN.: *index of nilpotence* [**3**, p. 167].

❂

1. Sea V un espacio vectorial y $T \in \mathscr{L}(V)$ un operador nilpotente.
   (a) Si $S \in \mathscr{L}(V)$ es también nilpotente y $TS = ST$ entonces $T + S$ y TS son nilpotentes también,
   (b) Si n es la dimensión de V entonces $T^n = 0$ [**3**, p. 167, cor. 8.8].
   (c) Cero es el único autovalor de T. Además si V es un espacio vectorial sobre $\mathbb{C}$ entonces T es nilpotente si y solo si cero es el único autovalor de T [**3**, p. 188 ss].
   (d) Existe $S \in \mathscr{L}(V)$ tal que $S^2 = T + I$ [**3**, p. 177].
   (e) Existe una base **B** del espacio vectorial V tal que $(T)_{\mathbf{B}}$

tiene la forma [**3**, p. 175, lema 8.26]:

$$(T)_{\mathbf{B}} = \begin{pmatrix} 0 & \star & \star & \cdots & \star & \star \\ 0 & 0 & \star & \cdots & \star & \star \\ \vdots & \vdots & \vdots & \ddots & \vdots & \vdots \\ 0 & 0 & 0 & \cdots & 0 & \star \\ 0 & 0 & 0 & \cdots & 0 & 0 \end{pmatrix}.$$

2. Sea V un espacio vectorial sobre $\mathbb{C}$. Todo operador $T \in \mathscr{L}(V)$ se puede descomponer de la forma $T = D + N$, donde D es diagonalizable y N es nilpotente.

3. *Relación con las matrices nilpotentes.*

    (a) Una matriz A es nilpotente si y solo si su transformación lineal asociada, T_A, es nilpotente.

    (b) Si V es un espacio vectorial y **B** es una base para V. Ya que para cualquier q natural se cumple que

    $$\left(T^q\right)_{\mathbf{B}} = (T)_{\mathbf{B}}^q$$

    entonces un operador $T \in \mathscr{L}(V)$ es nilpotente si y solo si $(T)_{\mathbf{B}}$ lo es. En particular,

    $$\mathbb{P}_T(z) = \mathbb{P}_{(T)_{\mathbf{B}}}(z) = z^n.$$

No ($\neg$)

Este símbolo designa al conector lógico negación. Si P es una proposición entonces la expresión:

$$\neg P$$

se lee y significa « no P ». In.: *not P* [**24**, p. 11].

❂ Sean P y Q dos proposiciones cualesquiera. Entonces [**24**, p. 16 ss]:

1. $\neg(\neg P) \iff P$.
2. $\neg(P \implies Q) \iff P \wedge (\neg Q)$.
3. $P \implies Q \iff \neg Q \implies \neg P$.
4. $\neg(P \wedge Q) \iff (\neg P) \vee (\neg Q)$.
5. $\neg(P \vee Q) \iff (\neg P) \wedge (\neg Q)$.
6. $\neg(\exists x \in A : x \text{ satisface } P) \iff \forall x \in A, x \text{ no satisface } P$.
7. $\neg(\forall x \in A, x \text{ satisface } P) \iff \exists x \in A : x \text{ no satisface } P$.

No-degerado, producto escalar o hermitiano

Sea V un espacio vectorial. Un producto escalar o hermitiano $\langle \cdot, \cdot \rangle$ en V se dice que es no-degenerado si cumple la siguiente propiedad: si v es un vector en V y $\langle v, w \rangle = 0$ para todo w en V entonces $v = 0$. In.: *non-degenerate scalar product or Hermitian product* [**22**, p. 95].

No-singular, matriz
Se dice que una matriz es no-singular si es invertible. IN.: *non-singular matrix* [**19**, p. 14].

Norma
Sea V un espacio vectorial sobre un campo $\mathbb{K}$. Una norma para V es una aplicación

$$\|\cdot\| : V \to \mathbb{R}$$

que satisface lo siguiente:
1. $\|v\| \geq 0$ para todo $v \in V$. Además $\|v\| = 0$ si y solo si $v = 0$.
2. Para todo $v \in V$ y α en $\mathbb{K}$ se cumple $|\alpha| \|v\| = \|\alpha v\|$.
3. **Desigualdad del triángulo**: Si v y w están en V entonces

$$\|v + w\| \leq \|v\| + \|w\|.$$

       IN.: *triangle inequality.*
IN.: *norm* [**15**, p. 30].

Norma ℓ_∞ de un polinomio
La norma ℓ_∞ de un polinomio $q(z) = a_m z^m + \cdots + a_1 z + a_0$ sobre un campo $\mathbb{K}$ se define como sigue:

$$\|q\|_\infty = \text{máx}\{a_0, a_1, \ldots, a_m\}.$$

IN.: *polynomial ℓ_∞-norm* [**7**, p. 6].

✪ La aplicación $q \mapsto \|q\|_\infty$ define efectivamente una norma en el espacio vectorial $\mathscr{P}_m(\mathbb{K})$.

Norma ℓ_p de un polinomio, $1 \leq p < \infty$
Sea $1 \leq p < \infty$. La norma ℓ_p de $q(z) = a_m z^m + \cdots + a_1 z + a_0$ sobre un campo $\mathbb{K}$, se define como sigue:

$$\|q\|_p = \left(\sum_{k=0}^{m} |a_k|^p \right)^{\frac{1}{p}}.$$

IN.: *polynomial ℓ_p-norm* [**7**, p. 6].

✪ La aplicación $q \mapsto \|q\|_p$ define efectivamente una norma en el espacio vectorial $\mathscr{P}_m(\mathbb{K})$.

Norma ℓ_∞ en $\mathbb{K}^n$
Sea $\mathbb{K}$ un campo. Si $x = (x_1, x_2, \ldots, x_n)^\top \in \mathbb{K}^n$ se define la norma ℓ_∞ de x como sigue:

$$\|x\|_\infty = \text{máx}\{|x_1|, |x_2|, \ldots, |x_n|\}.$$

IN.: ℓ_∞-*norm* [**15**, p. 30].

❂ La aplicación $x \mapsto \|x\|_\infty$ define efectivamente una norma en $\mathbb{K}^n$.

Norma ℓ_p en $\mathbb{K}^n$, $1 \leq p < \infty$

Sea $\mathbb{K}$ un campo y $1 \leq p < \infty$. Si $x = (x_1, x_2, \ldots, x_n)^\top \in \mathbb{K}^n$ se define la norma ℓ_p de x como sigue:

$$\|x\|_p = \left(\sum_{i=1}^{n} |x_i|^p \right)^{\frac{1}{p}}.$$

IN.: ℓ_p-*norm* [**15**, p. 30].

❂ La aplicación $x \mapsto \|x\|_p$ define efectivamente una norma en $\mathbb{K}^n$.

Norma ℓ_1 de una matrix

Sea A una matriz de $n \times n$ con entradas en un campo $\mathbb{K}$. La norma ℓ_1 de A, se define como sigue:

$$\|A\|_1 = \sum_{i,j=1}^{n} |a_{ij}|.$$

IN.: ℓ_1 *norm* [**19**, p. 291].

❂[**19**, p. 291]:
1. La aplicación $A \mapsto \|A\|_1$ define una norma en el espacio vectorial $\text{Mat}_{n \times n}(\mathbb{K})$.
2. Para cualesquiera A y B matrices de $n \times n$, $\|AB\|_1 \leq \|A\|_1 \|B\|_1$, es decir $\|\cdot\|_1$ es una norma matricial.

Norma ℓ_∞ de una matriz

Sea A una matriz de $n \times n$ con entradas en un campo $\mathbb{K}$. La norma ℓ_∞ de A, se define como sigue:

$$\|A\|_\infty = \text{máx}_{1 \leq i,j \leq n} |a_{ij}|.$$

IN.: ℓ_∞ *norm* [**19**, p. 292].

❂ La aplicación $A \mapsto \|A\|_\infty$ es una norma para el espacio vectorial $\text{Mat}_{n \times n}(\mathbb{K})$, pero *no* es una norma matricial [**19**, p. 292].

Norma cociente

Sea V un espacio vectorial sobre un campo $\mathbb{K}$ y S un subespacio de V. Sea V/S el espacio cociente de V respecto a S. En este espacios se define la llamada norma cociente como sigue:

$$\| [v] \| = \| v + S \| = \text{ínf}\{\| v - s \| : s \in S\}.$$

IN.: *quotient norm* [**17**, p. 10].

❂ La aplicación $[v] \mapsto \| [v] \|$ define efectivamente una norma en el espacio vectorial V/S.

Norma de Frobenius de una matriz
↪ « Euclidiana, norma de una matriz ».

Norma de Hilbert-Schmidt de una matriz
↪ « Euclidiana, norma de una matriz ».

Norma de un operador o transformación lineal
Sean V y W son espacios vectoriales normados sobre un mismo campo con normas $\| \cdot \|_\alpha$ y $\| \cdot \|_\beta$, respectivamente. La norma de una transformación lineal $T \in \mathscr{L}(V, W)$ se define como sigue:

$$| T | = \text{máx}_{\| v \|_\alpha = 1} \| T(v) \|_\beta.$$

IN.: *norm of a linear transformation.* Si V y W son de dimensión finita, $| T |$ siempre existe. Sea $V = W$ con norma $\| \cdot \|$, la norma de un operador $T \in \mathscr{L}(V)$ es simplemente:

$$| T | = \text{máx}_{\| v \| = 1} \| T(v) \|.$$

IN.: *norm of an operator* [**17**, p. 9].

❂ Sean V y W son espacios vectoriales normados sobre un mismo campo con normas $\| \cdot \|_\alpha$ y $\| \cdot \|_\beta$, respectivamente y sea $T \in \mathscr{L}(V, W)$. Se cumple lo siguiente [**18**, p. 178 ss]:
1. La aplicación $T \mapsto | T |$ es una norma en $\mathscr{L}(V, W)$.
2.

$$\begin{aligned} | T | &= \text{máx}_{\| v \|_\alpha \leq 1} \| T(v) \|_\beta \\ &= \text{máx}_{v \neq 0} \frac{\| T(v) \|_\beta}{\| v \|_\alpha} \end{aligned}$$

En particular, $\| T(v) \|_\beta \leq | T | \, \| v \|_\alpha$ para todo $v \in V$.
3. Si T y S son dos transformaciones que se pueden multiplicar entonces $| TS | \leq | T | \, | S |$. Además si B es invertible entonces:

$$| TS | \geq \frac{| T |}{| S^{-1} |}.$$

4. Supongamos que $V = W$ con norma $\|\cdot\|$ proveniente del producto interno $\langle\cdot,\cdot,\rangle$ entonces:

   (a)
   $$\begin{aligned}
   |\,T\,| &= \text{máx}\{|\langle T(v), w\rangle| : \|v\| = \|w\| = 1\} \\
   &= \text{máx}\left\{\frac{|\langle T(v), w\rangle|}{\|v\|\cdot\|w\|} : v \neq 0, w \neq 0\right\}.
   \end{aligned}$$

   (b) $|\,T\,| = |\,T^\star\,|$ y además $|\,I\,| = 1$.

Norma espectral de una matriz
$\hookrightarrow$ « Norma inducida de una matriz ».

Norma euclidiana en $\mathbb{K}^n$
$\hookrightarrow$ « Euclidiana, norma en $\mathbb{K}^n$ ».

Norma inducida de una matriz
Sea $A = (a_{ij})$ una matriz de $n \times n$ con entradas en un campo $\mathbb{K}$. Sea $\|\cdot\|$ una norma en $\mathbb{K}^n$. A la función $|\cdot|$ definida sobre $\text{Mat}_{n\times n}(\mathbb{K})$ por

$$|\,A\,| = \text{máx}_{\|x\|=1}\|Ax\|,$$

se le llama norma inducida por la norma $\|\cdot\|$ IN.: *norm induced by* $\|\cdot\|$ [**19**, p. 292].

✪ Sea $|\cdot|$ la norma inducida por $\|\cdot\|$. Se cumple lo siguiente [**19**, p. 292 ss]:

1. La función $|\cdot|$ define efectivamente una norma en el espacio de matrices $\text{Mat}_{n\times n}(\mathbb{K})$. Además, para cualesquiera dos matrices A y B de $n \times n$, $|\,AB\,| \leq |\,A\,|\,|\,B\,|$, es decir es una norma matricial.

2.
   $$\begin{aligned}
   |\,A\,| &= \text{máx}_{\|x\|\leq 1}\|Ax\| \\
   &= \text{máx}_{\|x\|\neq 0}\frac{\|Ax\|}{\|x\|}. \\
   &= \text{ínf}\{K : \|Ax\| \leq K\|x\|, \forall x \in \mathbb{K}^n\}.
   \end{aligned}$$

   En particular, para todo $x \in \mathbb{K}^n$, $\|Ax\| \leq |\,A\,|\,\|x\|$ y además $|\,I\,| = 1$.

3. Sea $A = (a_{ij})$ una matriz de $n \times n$.

   (a) $|\,A\,|_1 = \text{máx}_{\|x\|_1=1}\|Ax\|_1 = \text{máx}_{1\leq j\leq n}\sum_{i=1}^{n}|a_{ij}|$.

   (b) $|\,A\,|_\infty = \text{máx}_{\|x\|_\infty=1}\|Ax\|_\infty = \text{máx}_{1\leq i\leq n}\sum_{j=1}^{n}|a_{ij}|$.

   (c) $|\,A\,|_2 = \text{máx}_{\|x\|_2=1}\|Ax\|_2 = \text{máx}\{\sqrt{\lambda} : \lambda \in \sigma(A^\star A)\}$. A esta norma se le llama **norma espectral** de la matriz A, IN.: *spectral norm*.

(d) Además se cumplen lo siguiente [**19**, p. 313 ss]:

$$\|AB\|_2 \leq |A|_2 \|B\|_2,$$
$$|A|_2^2 \leq |A|_1 |A|_\infty,$$
$$|A|_2^2 = \rho(A^\star A) \leq \operatorname{tr}(A^\star A) = \|A\|_2^2.$$

(e) *Más relaciones entre las normas.* En el siguiente cuadro, para cada par de normas $\|\cdot\|_\alpha$ y $\|\cdot\|_\beta$ se establece una constante $K_n > 0$ que satisface, para toda $A \in \operatorname{Mat}_{n \times n}(\mathbb{K})$:

$$\|A\|_\alpha \leq K_n \|A\|_\beta.$$

$\|\cdot\|_\alpha$ \ $\|\cdot\|_\beta$	$|\cdot|_1$	$|\cdot|_2$	$|\cdot|_\infty$	$\|\cdot\|_1$	$\|\cdot\|_2$	$\|\cdot\|_\infty$
$|\cdot|_1$	1	$\sqrt{n}$	n	1	$\sqrt{n}$	n
$|\cdot|_2$	$\sqrt{n}$	1	$\sqrt{n}$	1	1	n
$|\cdot|_\infty$	n	$\sqrt{n}$	1	1	$\sqrt{n}$	n
$\|\cdot\|_1$	n	$n^{\frac{3}{2}}$	n	1	n	n^2
$\|\cdot\|_2$	$\sqrt{n}$	$\sqrt{n}$	$\sqrt{n}$	1	1	n
$\|\cdot\|_\infty$	1	1	1	1	1	1

Norma matricial

Se dice que una función $\|\cdot\| : \operatorname{Mat}_{n \times n}(\mathbb{K}) \to \mathbb{R}$ es una norma matricial si:

1. Define una norma en el espacio vectorial $\operatorname{Mat}_{n \times n}(\mathbb{K})$.
2. Para cualesquiera dos matrices A y B de $n \times n$, $\|AB\| \leq \|A\| \|B\|$.

IN.: *matrix norm* [**19**, p. 290].

❂ Sea $\|\cdot\|$ es una norma matricial en $\operatorname{Mat}_{n \times n}(\mathbb{K})$. Se cumple lo siguiente [**19**, p. 296 ss]:

1. Si S es una matriz invertible de $n \times n$ entonces la función

$$A \mapsto \|A\|_S = \|S^{-1} A S\|$$

define una norma matricial en $\operatorname{Mat}_{n \times n}(\mathbb{K})$.

2. Si $\|A\| < 1$ entonces

$$\lim_{k \to \infty} A^k = 0$$

en el sentido de que cada entrada de A^k tiende a cero cuando k tiende a infinito. En este caso, $I - A$ es invertible y de hecho $(I - A)^{-1} = \sum_{k=0}^{\infty} A^k$. Si además $\|I\| = 1$ entonces

$$\frac{1}{1 + \|A\|} \leq \|(I - A)^{-1}\| \leq \frac{1}{1 - \|A\|}.$$

3. *Relación con el radio espectral.*
   (a) Para toda matriz cuadrada A, $\rho(A) \leq \|A\|$ para cualquier norma matricial $\|\cdot\|$.
   (b) Más aún, si $\alpha < \|A\|$ para toda norma matricial $\|\cdot\|$ entonces $\alpha \leq \rho(A)$.
   (c) **Fórmula de Gelfand.** Si $\|\cdot\|$ es una norma matricial entonces

$$\rho(A) = \lim_{k \to \infty} \|A^k\|^{\frac{1}{k}}.$$

Norma proveniente de un producto interno

Sea V un espacio vectorial y sea $\langle \cdot, \cdot \rangle$ un producto interno definido en V. A la aplicación que a cada v le asigna el real no negativo

$$\|v\| = \sqrt{\langle v, v \rangle},$$

se le llama norma proveniente del producto interno dado. In.: *norm induced by the inner product* [**3**, p. 102].

⊛ Sea V un espacio vectorial y sea $\langle \cdot, \cdot \rangle$ un producto interno definido en V. En efecto, la aplicación $v \in V \mapsto \sqrt{\langle v, v \rangle}$ define una norma en V [**3**, p. 102 ss].

Normal, matriz

Se dice que una matriz cuadrada con entradas en un campo $\mathbb{K}$ es normal si

$$AA^\star = A^\star A.$$

In.: *normal matrix* [**19**, p. 100].

⊛[**19**, p. 101 ss]:
1. Una matriz normal es unitaria si y solo si todos sus autovalores tienen valor absoluto igual a 1.
2. Una matriz normal es autoadjunta si y solo si todos sus autovalores son reales.
3. Una matriz normal es antihermitiana si y solo si todos sus autovalores son puramente imaginarios.
4. *Caracterización de las matrices normales.* Sea A una matriz de $n \times n$.
   (a) *Caso real.* Si A es real entonces es normal si y solo si existe una matriz ortogonal real Q de $n \times n$ tal que:

$$Q^\top A Q = \begin{pmatrix} M_1 & 0 & \cdots & 0 \\ 0 & M_2 & & \vdots \\ \vdots & & \ddots & 0 \\ 0 & \cdots & 0 & M_m \end{pmatrix}.$$

Cada M_i es una matriz real de 1×1 o es una matriz real de la forma $\begin{pmatrix} \alpha_i & \beta_i \\ -\beta_i & \alpha_i \end{pmatrix}$.

(b) *Caso complejo.* Si A es compleja, las siguientes afirmaciones son equivalentes:

    i. La matriz A es normal.

    ii. Existe U unitaria y D diagonal tal que $A = U^\star D U$.

    iii. Existe un conjunto ortonormal de n autovectores de A, respecto al producto punto complejo.

Normal, operador

Sea V un espacio vectorial con producto interno sobre un campo $\mathbb{K}$. Se dice que un operador es normal si

$$TT^\star = T^\star T.$$

IN.: *normal operator* [**3**, p. 130].

✪ Sea V un espacio con producto interno sobre un campo $\mathbb{K}$.

1. Si $\|\cdot\|$ la norma proveniente del producto interno dado entonces un operador $T \in \mathscr{L}(V)$ es normal si y solo si para todo $v \in V$, $\|T(v)\| = \|T^\star(v)\|$ [**3**, prop. 7.6].

2. Sea $T \in \mathscr{L}(V)$ un operador normal. Se satisface lo siguiente.

    (a) Si v es un autovector de T correspondiente a un autovalor λ entonces v también es un autovector de $T^\star$ pero correspondiente al autovalor $\bar{\lambda}$ [**3**, cor. 7.7].

    (b) Los autovectores de T correspondientes a distintos autovalores son ortogonales entre sí [**3**, cor. 7.8].

    (c) Se cumple que $\operatorname{Ran} T = \operatorname{Ran} T^\star$ y $\operatorname{Ker} T = \operatorname{Ker} T^\star$.

    (d) Si U es un subespacio invariante bajo T entonces [**3**, prop. 7.18]:

        i. El subespacio $U^\top$ es invariante bajo T.

        ii. El subespacio U es invariante bajo $T^\star$.

        iii. Se cumple que $(T|_U)^\star = (T^\star)|_U$.

3. *Caracterización de los operadores normales.*

    (a) *Caso real.* Sea $\mathbb{K} = \mathbb{R}$ y $T \in \mathscr{L}(V)$. El operador T es normal si y solo si existe una base ortonormal $\mathbf{B}$ de V tal que $(T)_{\mathbf{B}}$ es una matriz diagonal a bloques, donde cada bloque es una matriz real de 1×1 o es una matriz real de la forma $\begin{pmatrix} \alpha_i & \beta_i \\ -\beta_i & \alpha_i \end{pmatrix}$ [**3**, p. 143].

    (b) *Caso complejo.* Sea $\mathbb{K} = \mathbb{C}$ y $T \in \mathscr{L}(V)$. El operador T es normal si y solo si existe una base ortonormal de V de autovectores de T i. e. si T es diagonalizable a través de una base ortonormal [**3**, teo 7.9].

4. *Relación con las matrices normales.*

    (a) Sea A una matriz de $n \times n$ con entradas en un campo $\mathbb{K}$. Se considera a $\mathbb{K}^n$ con el producto punto real o complejo dependiendo si $\mathbb{K}$ es $\mathbb{R}$ o $\mathbb{C}$. Ya que $(\mathrm{T}_A)^\star = \mathrm{T}_{A^\star}$, T_A es un operador normal si y solo si A es una matriz normal [**22**, p. 185].

    (b) Sea V un espacio vectorial sobre $\mathbb{C}$ con un producto interno y sea **B** una base ortonormal de V. Como

$$(T^\star)_\mathbf{B} = ((T)_\mathbf{B})^\star$$

entonces $T \in \mathscr{L}(V)$ es un operador normal si y solo si $(T)_\mathbf{B}$ es una matriz normal [**3**, p. 121].

Núcleo de una transformación lineal

Sean V y W dos espacios vectoriales sobre $\mathbb{K}$ y sea $T \in \mathscr{L}(V, W)$. El núcleo de T es el conjunto de elementos v en V tales que $T(v) = 0$. Usualmente se denota por Ker T. En otras palabras,

$$\text{Ker } T = \{v \in V : T(v) = 0\}.$$

Otra notación: null T. SIN. (S): kernel de una transformación lineal. IN.: *kernel of a linear transformation* [**3**, p. 41].

✪

1. Sean V y W dos espacios vectoriales sobre un mismo campo y $T \in \mathscr{L}(V, W)$. Se satisface lo siguiente:

    (a) Ker T es un subespacio de V [**3**, p. 42, prop. 3.1].

    (b) Ker $T = \{0\}$ si y solo si T es inyectiva [**3**, p. 43, prop. 3.2].

2. *Relación con el rango de una transformación lineal.*

    (a) Si $T \in \mathscr{L}(V, W)$ entonces [**3**, p. 45, teo. 3.4]:

$$\dim V = \dim \text{Ker } T + \dim \text{Ran } T.$$

En particular, si $\dim V = \dim W$ entonces Ker $T = \{0\}$ si y solo si Ran $T = W$.

    (b) Si además $V = W$ entonces [**3**, p. 189]:

$$V = \text{Ker } T^n \oplus \text{Ran } T^n.$$

Números enteros

Los números enteros es el subconjunto de los números reales:

$$\mathbb{Z} = \{\dots, -2, -1, 0, 1, 2, \dots\}.$$

IN.: *integer numbers.* Sea *n* un número entero. Se dice que *n* es **par** si existe un número entero *k* tal que $n = 2k$. IN.: *even number.* Se dice *n* es **impar** si existe un número entero *k* tal que $n = 2k + 1$. IN.: *odd number.*

Números irracionales

Los números irracionales son aquellos números reales que no son racionales. A este conjunto se le denota por $\mathbb{I}$. IN.: *irrational numbers* [**32**, p. 25].

Números naturales

Los números naturales es el subconjunto de los números reales $\mathbb{N} = \{1,2,3,\ldots\}$. IN.: *natural numbers* [**32**, p. 21]. Se dice que un número natural *p* es **primo** si no se puede escribir de la forma $p = nm$ donde *n* y *m* son números naturales, a menos de que uno de ellos sea *p* y el otro sea 1. Por convenio 1 no es primo [**32**, p. 31].

Números racionales

Los números racionales son aquellos números reales de la forma $\frac{a}{b}$, donde *a* y *b* son números enteros y $b \neq 0$. A este conjunto se le denota por $\mathbb{Q}$. IN.: *rational numbers* [**32**, p. 25].

O

O ($\vee$)

El símbolo $\vee$ denota al conector lógico « o ». Si *P* y *Q* son dos proposiciones entonces,

$$P \vee Q$$

significa « *P* o *Q* ». IN.: *P or Q* [**24**, p. 12].

 Sean *P* y *Q* dos proposiciones entonces la proposición $P \vee Q$ es verdadera si y solo si alguna de las dos es verdadera.

Operador

Sea *V* un espacio vectorial. Un operador (lineal) *T* es una transformación lineal definida en *V* y con imagen también en *V* es decir es un elemento de $\mathscr{L}(V)$. En este caso se dice que *T* es un operador en *V*. IN.: *(linear) operator,* [**22**, p. 68].

Ortogonal, complemento

$\hookrightarrow$ « Complemento ortogonal ».

Ortogonal, conjunto

Sea V un espacio vectorial y $\langle \cdot, \cdot \rangle$ un producto interno definido en V. Se dice que un subconjunto $\{v_1, v_2, \ldots, v_m\}$ de V es ortogonal siempre que $\langle v_i, v_j \rangle = 0$ si $i \neq j$. IN.: *orthogonal set, mutually perpendicular elements of a set* [**22**, p. 101], [**6**, p. 15]. ↪ « Gram-Schmidt, proceso de ortogonalización »

✪ Sean V un espacio vectorial con un producto interno, $\| \cdot \|$ la norma proveniente del producto interno dado, $S = \{v_1, v_2, \ldots, v_m\}$ un conjunto ortogonal que no contiene al 0 de V y sea $v \in V$.

1. El conjunto S es linealmente independiente [**22**, p. 103].
2. Si α_i es la componente de $v \in V$ a lo largo de v_i y $\beta_1, \beta_2, \ldots, \beta_n$ son escalares arbitrarios en $\mathbb{K}$ entonces [**22**, p. 102, teo. 1.3]:

$$\left\| v - \sum_{k=1}^m \alpha_k v_k \right\| \leq \left\| v - \sum_{k=1}^m \beta_k v_k \right\|.$$

Ortogonal, matriz

Se dice que una matriz cuadrada A con entradas en un campo $\mathbb{K}$ es ortogonal si

$$A^\top A = I.$$

IN.: *ortogonal matrix*, [**19**, p. 71].

✪

1. Sea A una matriz ortogonal. Se cumple que $|\det A| = 1$ y además las matrices $\overline{A}$, $A^\top$, $A^\star$ son ortogonales también, [**19**, p. 71 ss].
2. *Caracterización de las matrices ortogonales reales.* Una matriz real A es ortogonal si y solo si existe una matriz ortogonal real Q tal que

$$Q^\top A Q = \begin{pmatrix} \lambda_1 & 0 & & \cdots & & 0 \\ 0 & \ddots & & & & \\ & & \lambda_k & \ddots & & \vdots \\ \vdots & & & \ddots & M_1 & \\ & & & & \ddots & 0 \\ 0 & & \cdots & & 0 & M_m \end{pmatrix}.$$

donde $\lambda_j \in \{-1, 1\}$ para $j = 1, 2, \ldots, k$ y además

$$M_i = \begin{pmatrix} \cos \theta_i & \operatorname{sen} \theta_i \\ -\operatorname{sen} \theta_i & \cos \theta_i \end{pmatrix}$$

con $\theta_i \in \mathbb{R}$, para $i = 1, 2, \ldots, m$, [**19**, p. 108].

Ortogonal, operador

↪ « Unitario, vector ».

Ortogonales, vectores

Sea V un espacio vectorial y sea $\langle \cdot, \cdot \rangle$ un producto interno definido en V. Se dice que dos vectores v y w distintos del cero de V son ortogonales, si $\langle v, w \rangle = 0$. En este caso se puede escribir $v \perp w$. SIN. (S): vectores perpendiculares. IN.: *orthogonal vectors*, [3, p. 102].

Ortogonal, teorema de la proyección

↪ « Proyección ortogonal, operador ».

Ortonormal, conjunto

Sea V un espacio vectorial con un producto interno $\langle \cdot, \cdot \rangle$ definido en V. Se dice que un subconjunto $\{v_1, v_2, \ldots, v_m\}$ de V es ortonormal si,

$$\langle v_i, v_j \rangle = \begin{cases} 0, & \text{si } i \neq j; \\ 1, & \text{de otra forma.} \end{cases}$$

IN.: *orthonormal set*. Se dice que un conjunto ortonormal es **completo** si no está contenido en un conjunto ortonormal más grande, [**18**, p. 122].

✪ Sea $S = \{v_1, v_2, \ldots, v_m\}$ un conjunto ortonormal de un espacio vectorial V con producto interno $\langle \cdot, \cdot \rangle$. Sea $\| \cdot \|$ la norma proveniente del producto interno dado.

1. Para cualesquiera escalares $\alpha_1, \alpha_2, \ldots, \alpha_m$, [3, prop. 6.15]:

$$\| \alpha_1 v_1 + \alpha_2 v_2 + \cdots \alpha_m v_m \|^2 = |\alpha_1|^2 + |\alpha_2|^2 + \cdots + |\alpha_m|^2.$$

2. Son equivalentes [**18**, p. 124, teo. 2]:
   (a) El conjunto S es completo.
   (b) Si $\langle v, v_i \rangle = 0$, para $i = 1, 2, \ldots, m$ entonces $v = 0$.
   (c) Se cumple que span $S = V$.
   (d) Para todo $v \in V$, $v = \sum_{i=1}^{m} \langle v, v_i \rangle v_i$.
   (e) Si $v, w \in V$ entonces (**identidad de Parserval**)

$$\langle v, w \rangle = \sum_{i=1}^{m} \langle v, v_i \rangle \langle v_i, w \rangle.$$

   (f) Para todo $v \in V$,

$$\| v \|^2 = \sum_{i=1}^{m} |\langle v, v_i \rangle|^2.$$

3. Si V tiene dimensión n entonces existe un conjunto ortonormal completo de elementos de V. Además, cada conjunto ortonormal completo de elementos de V tiene exactamente n elementos [**18**, p. 127].

Ortonormales, vectores

Sea $\langle \cdot, \cdot \rangle$ un producto interno definido en el espacio vectorial V. Se dice que dos vectores v y w de V son ortonormales, si $\langle v, w \rangle = 0$ y $\langle v, v \rangle = \langle w, w \rangle = 1$. IN.: *orthonormal vectors* [**3**, p. 106].

P

Par ordenado

Sean X e Y dos conjuntos. Un par ordenado es una $2 - tupla$, es decir, es un arreglo (x, y) con la siguiente propiedad: $(x, y) = (x', y')$ si y solo si $x = x'$ y $y = y'$. IN.: *ordered pair* [**21**, p. 7].

Para todo ($\forall$)

El símbolo $\forall$ significa « para todo » y va seguido siempre de una variable que satisface cierta propiedad. Por ejemplo $\forall x \in A$ se lee y significa: para todo (elemento) x en (el conjunto) A. IN.: *for all x in A* [**12**, p. xvi].

Paralelogramo, ley

Sea V un espacio vectorial con un producto interno y sea $\| \cdot \|$ la norma proveniente del producto interno dado. Para cualesquiera dos vectores v y w en V se cumple que:

$$\| v + w \|^2 + \| v - w \|^2 = 2 \| v \|^2 + 2 \| w \|^2.$$

IN.: *parallelogram law* [**3**, p. 106].

✪ Sea V es un espacio vectorial normado sobre un campo $\mathbb{K}$ cuya norma $\| \cdot \|$ satisface la ley del paralelogramo [**13**]:
1. Si $\mathbb{K} = \mathbb{R}$ entonces la norma $\| \cdot \|$ de V proviene del producto interno

$$\langle v, w \rangle = \frac{\| v + w \|^2 - \| v \|^2 - \| w \|^2}{2}.$$

2. Si $\mathbb{K} = \mathbb{C}$ entonces la norma $\| \cdot \|$ de V proviene del producto interno

$$\langle v, w \rangle = \frac{\| v + w \|^2 - \| v \|^2 - \| w \|^2}{2} + \frac{\mathbf{i}(\| v + \mathbf{i}w \|^2 - \| v \|^2 - \| w \|^2)}{2}.$$

Parte imaginaria y real de un número complejo

Si $z = a + b\mathbf{i}$ es un número complejo, la parte imaginaria de z es b y la parte real de z es a. Se suelen denotar por Im z y Re z, respectivamente. En otras palabras, Im $z = b$ y Re $z = a$. IN.: *imaginary part and real part of a complex number* [**1**, p. 1].

✪ Si $z = a + b\mathbf{i}$ es un número complejo entonces [**1**, p. 7 ss]:

1. $\text{Im } z = \dfrac{z - \overline{z}}{2\mathbf{i}}$.
2. $\text{Re } z = \dfrac{z + \overline{z}}{2}$.
3. $-|z| \leq \text{Im } z \leq |z|$.
4. $-|z| \leq \text{Re } z \leq |z|$.

Permutación, matriz

Sea $\sigma : \{1, 2, \ldots, n\} \to \{1, 2, \ldots, n\}$ una función injectiva y $I = (e_{ij})$ la matriz identidad de $n \times n$. La matriz de permutación asociada a σ es la matriz $P_\sigma = (e_{\sigma(i)j})$. IN.: *permutation matrix associated with* σ [**4**, p. 172].

Perpendiculares, vectores

$\hookrightarrow$ « Ortogonales, vectores ».

Pertenece ($\in$)

$\hookrightarrow$ « Elemento de un conjunto ».

Pitágoras, teorema

Sea V un espacio vectorial con un producto interno y sea $\| \cdot \|$ la norma proveniente del producto interno dado. Supongamos que v y w son vectores ortogonales entonces:

$$\| v + w \|^2 = \| v \|^2 + \| w \|^2.$$

IN.: *Pythagoras' Theorem* [**3**, p. 102].

Pivote

Un pivote es el primer elemento distinto de cero del renglón de una matriz, contando de izquierda a derecha en una matriz en forma escalonada. IN.: *leading entry* [**4**, p. 46].

Pivoteo, operaciones en una matriz

Sea $A = (a_{ij})$ una matriz de $m \times n$. Las operaciones de pivoteo sobre A son las siguientes:

Tipo 1. Permutar dos renglones [columnas] R^i y R^j. En este caso escribiremos $R^i \leftrightarrow R^j$.

$$
\begin{pmatrix}
a_{11} & \cdots & a_{1n} \\
\vdots & & \vdots \\
a_{i1} & \cdots & a_{in} \\
\vdots & & \vdots \\
a_{j1} & \cdots & a_{jn} \\
\vdots & & \vdots \\
a_{m1} & \cdots & a_{mn}
\end{pmatrix}
\longrightarrow
\begin{pmatrix}
a_{11} & \cdots & a_{1n} \\
\vdots & & \vdots \\
a_{j1} & \cdots & a_{jn} \\
\vdots & & \vdots \\
a_{i1} & \cdots & a_{in} \\
\vdots & & \vdots \\
a_{m1} & \cdots & a_{mn}
\end{pmatrix}
$$

Tipo 2. Multipicar un renglón [columna] R^i por un escalar $\alpha \neq 0$, escribimos $R^i \leftarrow \alpha R^i$.

$$
\begin{pmatrix}
a_{11} & \cdots & a_{1n} \\
\vdots & & \vdots \\
a_{i1} & \cdots & a_{in} \\
\vdots & & \vdots \\
a_{j1} & \cdots & a_{jn} \\
\vdots & & \vdots \\
a_{m1} & \cdots & a_{mn}
\end{pmatrix}
\longrightarrow
\begin{pmatrix}
a_{11} & \cdots & a_{1n} \\
\vdots & & \vdots \\
\alpha a_{i1} & \cdots & \alpha a_{in} \\
\vdots & & \vdots \\
a_{j1} & \cdots & a_{jn} \\
\vdots & & \vdots \\
a_{m1} & \cdots & a_{mn}
\end{pmatrix}
$$

Tipo 3. Sustituir un renglón [columna] R^i por el renglón [columna] que resulta de multiplicar a otro renglón [columna] por un escalar αR^j y sumarle el propio R^i. Para referirse a esta operación escribiremos $R^i \leftarrow R^i + \alpha R^j$, $i \neq j$.

$$
\begin{pmatrix}
a_{11} & \cdots & a_{1n} \\
\vdots & & \vdots \\
a_{i1} & \cdots & a_{in} \\
\vdots & & \vdots \\
a_{j1} & \cdots & a_{jn} \\
\vdots & & \vdots \\
a_{m1} & \cdots & a_{mn}
\end{pmatrix}
\longrightarrow
\begin{pmatrix}
a_{11} & \cdots & a_{1n} \\
\vdots & & \vdots \\
a_{i1} + \alpha a_{j1} & \cdots & a_{in} + \alpha a_{jn} \\
\vdots & & \vdots \\
a_{j1} & \cdots & a_{jn} \\
\vdots & & \vdots \\
a_{m1} & \cdots & a_{mn}
\end{pmatrix}
$$

In.: *elementary row [column] operations* [**4**, p. 47 ss].

✪ Sea A una matriz. Si B es una matriz que resulta de aplicarle a A un número finito de operaciones de pivoteo en renglones o columnas, se cumple que,

$$\operatorname{ran} A = \operatorname{ran} B,$$

y si además A es cuadrada entonces $\det A = 0$ si y solo si $\det B = 0$ [**4**, p. 54].

Plano

Sea V un espacio vectorial y $v_0 \in V$ y S un subespacio de dimensión 2. A un conjunto de la forma $\{v + v_0 : v \in S\}$ se le llama plano en V. In.: *plane in V* [**22**, p. 17].

Plano complejo

$\hookrightarrow$ « Complejo, número ».

Polinonio

Sea $\mathbb{K}$ un campo. Sean $a_0, a_1, \ldots, a_m$ elementos de $\mathbb{K}$. Un polinomio sobre $\mathbb{K}$ es una expresión algebraica de la foma:

$$p(z) = a_m z^m + \cdots + a_2 z^2 + a_1 z + a_0,$$

donde z es la « variable ». In.: *polynomial over a field* [**22**, p. 231].

Polinomio en una matriz o un operador

Sea $p(z) = a_m z^m + \cdots + a_2 z^2 + a_1 z + a_0$ un polinomio sobre un campo $\mathbb{K}$. Si A es una matriz con entradas en un campo $\mathbb{K}$, el polinomio p en A es la matriz

$$p(A) = a_m A^m + \cdots + a_2 A^2 + a_1 A + a_0 I.$$

Análogamente, sea V un espacio vectorial sobre $\mathbb{K}$ y sea $T \in \mathscr{L}(V)$. El polinomio p en T es el operador

$$p(T) = a_m T^m + \cdots + a_2 T^2 + a_1 T + a_0 I.$$

In.: *polynomial in a matrix, in an operator* [**22**, p. 234].

✪ Sea V un espacio vectorial sobre un campo $\mathbb{K}$ y sea $T \in \mathscr{L}(V)$. Si $p(z)$ un polinomio sobre $\mathbb{K}$ entonces $\text{Ker } p(T)$ es invariante bajo T [**3**, p. 174].

Polinonio característico una matriz o un operador

Sea A una matriz de $n \times n$ con entradas en un campo $\mathbb{K}$. El polinomio característico de A se define como:

$$\mathbb{P}_A(z) = \det(A - zI).$$

In.: *characteristic polynomial or a matrix* [**19**, p. 38].

✪

1. Si dos matrices son similares entonces comparten el mismo polinomio característico [**4**, p. 42 ss].

2. Si A es una matriz cuadrada de $n \times n$ entonces $\mathbb{P}_A(z)$ tiene grado n [**19**, p. 38].

3. Un escalar λ es un autovalor de una matriz A si y solo si λ es una raíz del polinomio característico de A [**4**, p. 42 ss].

4. **Teorema de Cayley-Hamilton.** Para toda matriz compleja A se cumple que $\mathbb{P}_A(A) = 0$ [**19**, p. 86, teo. 2.4.2].IN.: *Cayley-Hamilton Theorem*.

5. Si $\mathbb{K} = \mathbb{C}$ y $\lambda_1, \lambda_2, \ldots \lambda_m$ son autovalores distintos de la matriz A entonces:

$$\mathbb{P}_A(z) = (z - \lambda_1)^{\mu_1} (z - \lambda_2)^{\mu_2} \cdots (z - \lambda_m)^{\mu_m},$$

donde μ_i es la multiplicidad algebraica de λ_i.

Sean V un espacio vectorial sobre un campo $\mathbb{K}$, $T \in \mathscr{L}(V)$ y $\mathbf{B}$ una base cualquiera de V. El polinomio característico de T se define como:

$$\mathbb{P}_T(z) = \mathbb{P}_{(T)\mathbf{B}}(z).$$

Ya que dos matrices similares tienen el mismo polinomio característico, el polinomio característico de T está bien definido —no depende de la base—. IN.: *characteristic polynomial of an operator* [**22**, p. 206] cf. [**4**, p. 42]. En todas las propiedades anteriores, exceptuando la primera, se puede sustituir « matriz A » por « operador T » y siguen siendo válidas. $\hookrightarrow$ « Descomposición primaria, teorema ».

Polinomio irreducible

Un polinomio $p(z)$ sobre un campo $\mathbb{K}$ se dice que es irreducible sobre $\mathbb{K}$ si $\deg p \geq 1$ y además si $p(z) = q(z)h(z)$ donde $q(z)$ y $h(z)$ son polinomios en $\mathbb{K}$ entonces $\deg q = 0$ o $\deg h = 0$. IN.: *irreducible polynomial* [**22**, p. 252].

❂[**22**, p. 252 ss]:

1. Todo polinomio $p(z)$ sobre un campo $\mathbb{K}$ con $\deg p \geq 1$ se puede expresar como el producto de un número finito de polinomios irreducibles, i. e. existe m natural tal que:

$$p(z) = p_1(z) \cdot p_2(z) \cdots p_m(z),$$

además, los polinomios $p_i(z)$, $i = 1, 2, \ldots, m$, están determinados de forma única salvo un reordenamiento o una multiplicación por un escalar $\alpha \neq 0$. Más aún, siempre se puede escoger una factorización de la forma:

$$p(z) = \alpha p_1(z) \cdot p_2(z) \cdots p_m(z),$$

donde los polinomios $p_i(z)$, $i = 1, 2, \ldots, m$, son mónicos e irreducibles. Si en particular $p(z)$ es un polinomio sobre $\mathbb{C}$ entonces admite una factorización de la forma:

$$p(z) = \alpha(z - \alpha_1) \cdot (z - \alpha_2) \cdots (z - \alpha_m),$$

donde $\alpha \in \mathbb{C}$ y $\alpha_i \in \mathbb{C}$ para $i = 1, 2, \ldots, m$.

2. Sea $p(z)$ un polinomio irreducible. Si $p(z)$ divide a $q(z)h(z)$
entonces $p(z)$ divide a $q(z)$ o divide a $h(z)$.

Polinomio mínimo de una matriz o un operador

Sea A una matriz cuadrada con entradas en un campo $\mathbb{K}$. El polinomio mínimo de A es el único polinomio mónico $\mathbb{M}_A(z)$ de menor
grado tal que $\mathbb{M}_A(A)=0$. IN.: *minimal polynomial of a matrix* [**19**,
p. 143].

❂ Sea A una matriz de $n \times n$, se cumple lo siguiente [**19**, p. 142 ss].
1. El polinomio $\mathbb{M}_A(z)$ tiene grado menor o igual a n.
2. Sea $q(z)$ un polinomio sobre $\mathbb{K}$. Entonces $q(A) = 0$ si y solo
si $\mathbb{M}_A(z)$ divide a q. En particular $\mathbb{M}_A(z)$ divide a $\mathbb{P}_A(z)$.
3. Matrices similares tienen el mismo polinomio mínimo.
4. Un escalar λ es un autovalor de A si y solo si $\mathbb{M}_A(\lambda) = 0$.
5. Si $\deg \mathbb{M}_A(z) = \deg \mathbb{P}_A(z)$ entonces $\mathbb{M}_A(z) = \mathbb{P}_A(z)$.
6. Si $\mathbb{K} = \mathbb{C}$ y $\lambda_1, \lambda_2, \ldots, \lambda_m$ son distintos autovalores de A:

$$\mathbb{M}_A(z) = (z - \lambda_1)^{r_1}(z - \lambda_2)^{r_2} \cdots (z - \lambda_m)^{r_m},$$

donde el mayor bloque de Jordan de A correspondiente al
autovalor λ_i es de $r_i \times r_i$. En particular A es diagonalizable si
y solo si $\mathbb{M}_A(z)$ no tiene raíces repetidas, es decir si:

$$\mathbb{M}_A(z) = (z - \lambda_1)(z - \lambda_2) \cdots (z - \lambda_m).$$

Sean V un espacio vectorial sobre un campo $\mathbb{K}$ de dimensión n,
$T \in \mathscr{L}(V)$ y **B** una base de V. El polinomio mínimo de T se define
como:
$$\mathbb{M}_T(z) = \mathbb{M}_{(T)_\mathbf{B}}(z).$$

Ya que dos matrices similares tienen el mismo polinomio mínimo,
el polinomio mínimo de T está bien definido. En otras palabras, ya
que $\left(p(T)\right)_\mathbf{B} = p\left((T)_\mathbf{B}\right)$ para cualquier polinomio p y base **B** de V,
el polinomio mínimo de T es el (único) polinomio mónico sobre
$\mathbb{K}$ de menor grado tal que $\mathbb{M}_T(T) = 0$. Equivalentemente, sea m el
menor entero positivo tal que el conjunto,

$$\{I, T, T^2, \ldots, T^m\}$$

es linealmente dependiente en $\mathscr{L}(V)$. Por tanto T^m es una combinación lineal de $I, T, T^2, \ldots, T^{m-1}$, luego existen únicos escalares $a_0, a_1, \ldots, a_{m-1} \in \mathbb{K}$ tales que:

$$T^m + a_{m-1} T^{m-1} + \cdots + a_2 T^2 + a_1 T + a_0 I = 0.$$

El polinomio

$$\mathbb{M}_T(z) = z^m + a_{m-1} z^{m-1} + \cdots + a_2 z^2 + a_1 z + a_0,$$

es el polinomio mínimo de T. In.: *minimal polynomial of an operator* [**3**, p. 179]. En las propiedades anteriores, excepto en la tercera por supuesto, se puede sustituir « matriz A » por « operador T » y siguen siendo válidas. ↪ « Descomposición primaria, teorema ».

Polinomio mónico

Sea $\mathbb{K}$ un campo. Un polinomio $p(z)$ sobre $\mathbb{K}$ se dice que es un polinomio mónico si su coeficiente principal es igual a 1. Es decir, si es una expresión algebraica de la forma:

$$p(z) = z^m + \cdots + a_2 z^2 + a_1 z + a_0.$$

In.: *monic polynomial* [**20**, p. 132].

Positiva, matriz

Una matriz real es positiva si cada entrada es un número positivo [**19**, p. 359].

Positivo, operador

↪ « Semidefinido positivo, operador ».

Potencia, conjunto

Sea A un conjunto cualquiera. El conjunto potencia de A es el conjunto $\mathscr{P}(A)$ constituido por todos los subconjuntos de A. Es decir, $B \in \mathscr{P}(A)$ si y solo si $B \subset A$. En particular, $\emptyset \in \mathscr{P}(A)$ y $A \in \mathscr{P}(A)$. In.: power set [**12**, p. 10].

✪[**12**, p. 10]:
  1. $\bigcap_{\lambda \in \Lambda} \mathscr{P}(A_\lambda) = \mathscr{P}(\bigcap_{\lambda \in \Lambda} A_\lambda)$.
  2. $\bigcup_{\lambda \in \Lambda} \mathscr{P}(A_\lambda) \subset \mathscr{P}(\bigcup_{\lambda \in \Lambda} A_\lambda)$.

Preimagen de un conjunto bajo una función

Sea $f : A \to B$ una función. La preimagen de un conjunto $C \subset B$ bajo f es el conjunto:

$$f^{-1}(C) = \{x : f(x) \in C\}.$$

SIN.(S): imagen inversa. IN.: *preimage of a set under f* [**12**, p. 11].

✪ Sea $f : A \to B$ una función. La aplicación f induce una función $f^{-1} : \mathscr{P}(B) \to \mathscr{P}(A)$ que a cada conjunto $C \subset B$ lo envía a $f^{-1}(C)$ con la siguientes propiedades [**12**, p. 11 ss]:

1. $f^{-1}(\bigcup_{\lambda \in \Lambda} C_\lambda) = \bigcup_{\lambda \in \Lambda} f^{-1}(C_\lambda)$.
2. $f^{-1}(\bigcap_{\lambda \in \Lambda} C_\lambda) = \bigcap_{\lambda \in \Lambda} f^{-1}(C_\lambda)$.
3. $f^{-1}(C_1 \setminus C_2) = f^{-1}(C_1) \setminus f^{-1}(C_2)$.
4. Sea E un conjunto y $g : B \to E$. Entonces $(g \circ f)^{-1} = f^{-1} \circ g^{-1}$.
5. *Relación con la imagen de un conjunto.* Para todo $C \in A$ y $D \in B$,
   (a) $C \subset f^{-1}(f(C))$.
   (b) $f(f^{-1}(D) \cap C) = D \cap f(C)$, en particular:

$$f(f^{-1}(D)) = D \cap f(A).$$

Producto cruz

Sean $x = (x_1, x_2, x_3)$ y $y = (y_1, y_2, y_3)$ dos vectores $\mathbb{R}^3$. El producto cruz de x e y es un elemento de $\mathbb{R}^3$ definido como sigue:

$$x \times y = (x_2 y_3 - x_3 y_2, \ x_3 y_1 - x_1 y_3, \ x_1 y_2 - x_2 y_1).$$

IN.: *cross product* [**33**, p. 837].

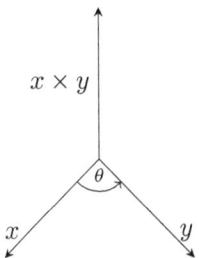

✪[**33**, p. 839 ss]:

1. Dos vectores x y y de $\mathbb{R}^3$ son paralelos si y solo si $x \times y$ es el vector cero.
2. El producto cruz de dos vectores en $\mathbb{R}^3$ es un vector que es ortogonal a ambos respecto al producto punto.
3. Si θ es el ángulo respecto al producto punto de dos vectores x e y en $\mathbb{R}^3$ entonces si

$$\|x \times y\|_2 = \|x\|_2 \|y\|_2 \operatorname{sen} \theta.$$

En particular, el área del paralelogramo que forman los vectores x y y vistos como lados adyacentes es $\|x \times y\|$.

4. El volumen del paralelepípedo que forman los vectores x, y y z de $\mathbb{R}^3$ vistos como lados adyacentes es $|z \cdot (x \times y)|$.
5. Se cumple lo siguiente para todo x, y y z en $\mathbb{R}^3$:
   - (a) $(x \times y) \cdot x = (x \times y) \cdot y = 0$.
   - (b) $x \times y = -(y \times x)$.
   - (c) $x \times (y + z) = (x \times y) + (x \times z)$.
   - (d) $(x + y) \times z = (x \times z) + (y \times z)$.
   - (e) Si α es un número real, $\alpha(x \times y) = (\alpha x) \times y = x \times (\alpha y)$.
   - (f) $x \times 0 = 0$.
   - (g) $x \times (y \times z) = (x \cdot z)y - (x \cdot y)z$.
   - (h)
   $$x \cdot (y \times z) = (x \times y) \cdot z = \det \begin{pmatrix} x_1 & x_2 & x_3 \\ y_1 & y_2 & y_3 \\ z_1 & z_2 & z_3 \end{pmatrix}.$$

Producto de Hadamard
↪ « Schur, producto ».

Producto de Kronecker
↪ « Kronecker, producto ».

Producto de matrices
Sean

$$A = \begin{pmatrix} a_{11} & a_{12} & \cdots & a_{1n} \\ a_{21} & a_{22} & \cdots & a_{2n} \\ \vdots & \vdots & & \vdots \\ a_{m1} & a_{m2} & \cdots & a_{mn} \end{pmatrix} \text{ y } B = \begin{pmatrix} b_{11} & b_{12} & \cdots & b_{1s} \\ b_{21} & b_{22} & \cdots & b_{2s} \\ \vdots & \vdots & & \vdots \\ b_{n1} & b_{n2} & \cdots & b_{ns} \end{pmatrix}.$$

Se define el producto de A y B, se escribe AB, como la matriz (c_{ik}) de dimensión $m \times s$, donde

$$c_{ik} = a_{i1}b_{1k} + a_{i2}b_{2k} + \cdots + a_{in}b_{nk},$$

para $i = 1,2,\ldots,m$ y $k = 1,2,\ldots,s$. Para una matriz cuadrada A, se define $A^0 = I$. Si n un número natural, se define:

$$A^n = \underbrace{AA \cdots A}_{n \text{ veces}}.$$

In.: *product of A and B* [**22**, p. 32, p. 35].

✪[**22**, p. 34 ss]:
1. Para cualquier matriz cuadrada A:
   - (a) $AI = IA = A$.

(b) $AO = OA = O$.

2. Sean A, B y C matrices tales que A y B se pueden multiplicar, A y C se pueden multiplicar y B y C se pueden sumar. Entonces A y $B + C$ se pueden multiplicar y

$$A(B + C) = AB + AC.$$

3. Sean A, B y C matrices tales que A y B se pueden multiplicar y B y C se pueden multiplicar. Entonces A y BC se pueden multiplicar y

$$(AB)C = A(BC).$$

4. Si A y B son matrices que se pueden multiplicar entonces $A(\alpha B) = \alpha(AB)$ para todo escalar α.

5. Si A y B son matrices cuadradas de la mismas dimensiones:
   (a) $(AB)^\top = B^\top A^\top$.
   (b) $(AB)^* = B^* A^*$.
   (c) Si además A y B tienen inversa, $(AB)^{-1} = B^{-1}A^{-1}$.
   (d) Para cualesquiera dos enteros $s \geq 0$ y $k \geq 0$ se cumple que $A^{s+k} = A^s A^k$.

Producto de transformaciones lineales

Sean V, W y U un espacios vectoriales sobre un mismo campo. El producto de $T \in \mathscr{L}(V, U)$ y $S \in \mathscr{L}(U, W)$ es la transformación lineal $TS \in \mathscr{L}(V, W)$ definida para cada $v \in V$ por:

$$TS(v) = (T \circ S)(v).$$

Además, si $V = U$ se escribe $T^0 = I$ y si n un número natural, se define:
$$T^n = \underbrace{T\,T \cdots T}_{n \text{ veces}}.$$

IN.: *product of S and T* [**3**, p. 41].

♻[**3**, p. 42 ss]:
   1. Para cualquier operador T:
      (a) $TI = IT = T$.
      (b) $TO = OT = O$.
   2. Sean T, S y R transformaciones lineales tales que T y S se pueden multiplicar, T y R se pueden multiplicar y S y R se pueden sumar. Entonces T y $S + R$ se pueden multiplicar y

$$T(S + R) = TS + TR.$$

3. Sean T, S y R transformaciones lineales tales que T y S se pueden multiplicar y S y R se pueden multiplicar. Entonces T y SR se pueden multiplicar y

$$(TS)R = T(SR).$$

4. Si T y S son transformaciones lineales que se pueden multiplicar entonces $T(\alpha S) = \alpha(TS)$ para todo escalar α.

5. Si T y S son operadores sobre un mismo espacio vectorial entonces:
   (a) $(TS)^* = S^*T^*$.
   (b) Si además T y S son isomorfismos, $(TS)^{-1} = S^{-1}T^{-1}$.
   (c) Para cualesquiera dos enteros $s, k \geq 0$, $T^{s+k} = T^s T^k$.

6. Si $T \in \mathscr{L}(V)$ donde dim $V = n$ entonces [**3**, p. 166 ss]:

$$\text{Ker } T^n = \text{Ker } T^{n+1} = \text{Ker } T^{n+2} = \cdots$$

y

$$\text{Ran } T^n = \text{Ran } T^{n+1} = \text{Ran } T^{n+2} = \cdots$$

Producto de polinomios

Sean $p(z) = a_n z^n + \cdots + a_2 z^2 + a_1 z + a_0$ y $q(z) = b_m z^m + \cdots + b_2 z^2 + b_1 z + b_0$ dos polinomios sobre un campo $\mathbb{K}$. Se define el producto de $p(z)$ y $q(z)$ como sigue:

$$p(z)q(z) = c_{n+m} z^{n+m} + \cdots + c_2 z^2 + c_1 z + c_0,$$

donde para cada $k = 0, \ldots, n + m$:

$$c_k = \sum_{i=0}^{k} a_i b_{k-i} = a_0 b_k + a_1 b_{k-1} + \cdots + a_k b_0.$$

IN.: *product of two polynomials* [**22**, p. 232].

Producto de Schur

↪ « Schur, producto ».

Producto escalar

Sea V un espacio vectorial sobre un campo $\mathbb{K}$. Un producto escalar es una aplicación que a cada elemento (v, w) en $V \times V$ le asocia un escalar $\langle v, w \rangle$ que satisface lo siguiente:
1. Para todo v y w en V, $\langle v, w \rangle = \langle w, v \rangle$.
2. Si v, w y u están en V entonces $\langle v, w + u \rangle = \langle v, w \rangle + \langle v, u \rangle$.
3. Si v y w están en V y α está en $\mathbb{K}$ entonces

$$\langle \alpha v, w \rangle = \langle v, \alpha w \rangle = \alpha \langle v, w \rangle.$$

IN.: *scalar product* [**22**, p. 95].

Producto Hermitiano

↪ « Hermitiano, producto ».

Producto interno

Sea V un espacio vectorial sobre un campo $\mathbb{K}$. Un producto interno es una aplicación que a cada elemento (v, w) en $V \times V$ le asocia un escalar $\langle v, w \rangle$ en $\mathbb{K}$ que satisface lo siguiente:

1. Para todo v en V, $\langle v, v \rangle$ es un número real y además $\langle v, v \rangle \geq 0$.
2. Si v está en V entonces $\langle v, v \rangle = 0$ si y solo si $v = 0$.
3. Para todo v y w en V, $\langle v, w \rangle = \overline{\langle w, v \rangle}$.
4. Si v, w y u están en V entonces $\langle v, w + u \rangle = \langle v, w \rangle + \langle v, u \rangle$.
5. Si v y w están en V y α está en $\mathbb{K}$ entonces $\langle \alpha v, w \rangle = \alpha \langle v, w \rangle$.

IN.: *inner product* [**3**, p. 100] .

Producto punto real

Sea x el vector $(x_1, x_2, \ldots, x_n)$ e y el vector $(y_1, y_2, \ldots, y_n)$ ambos en $\mathbb{R}^n$. Se define el producto punto entre ellos como sigue:

$$x \cdot y = x_1 y_1 + x_2 y_2 + \cdots + x_n y_n.$$

IN.: *dot product* [**3**, p. 98].

✪[**3**, p. 98] [**22**, p. 32]:

1. Un producto punto es un producto escalar no degenerado, es decir:
   (a) Si x e y están en $\mathbb{R}^n$ entonces $x \cdot y = y \cdot x$.
   (b) Si x, y y z están en $\mathbb{R}^n$ entonces $x \cdot (y + z) = x \cdot y + x \cdot z$.
   (c) Si α está en $\mathbb{R}$ y x e y están en $\mathbb{R}^n$ entonces

   $$\alpha(x \cdot y) = (\alpha x) \cdot y = x \cdot (\alpha y).$$

   (d) *Propiedad no degenerativa.* Sea $x \in \mathbb{R}^n$. Si $x \cdot y = 0$ para todo $y \in \mathbb{R}^n$ entonces $x = 0$.
2. El producto punto es un producto escalar definido positivo, más aún se cumple lo siguiente:
   (a) Si x está en $\mathbb{R}^n$ entonces $x \cdot x \geq 0$.
   (b) Además, $x \cdot x = 0$ si y solo si $x = 0$.
3. En particular, el producto punto es un producto interno.

Producto punto complejo

Sea x el vector $(x_1, x_2, \ldots, x_n)$ e y el vector $(y_1, y_2, \ldots, y_n)$ ambos en $\mathbb{C}^n$. Se define el producto punto complejo entre ellos como sigue:

$$x \cdot y = x_1 \overline{y_1} + x_2 \overline{y_2} + \cdots + x_n \overline{y_n}.$$

Sin. (s): producto punto hermitiano. In.: *complex dot product* [**22**, p. 108].

✪[**22**, p. 108 ss]:
1. Un producto punto complejo es un producto hermitiano no degenerado y definido positivo, esto es:
    (a) Si x e y están en $\mathbb{C}^n$ entonces $x \cdot y = \overline{y \cdot x}$.
    (b) Si x, y y z están en $\mathbb{C}^n$ entonces $x \cdot (y+z) = x \cdot y + x \cdot z$.
    (c) Si $\alpha \in \mathbb{C}$ y x e y están en $\mathbb{C}^n$ entonces $\alpha(x \cdot y) = (\alpha x) \cdot y$ y $\overline{\alpha}(x \cdot y) = x \cdot (\alpha y)$.
    (d) *Propiedad no degenerativa.* Sea x en $\mathbb{C}^n$. Si $x \cdot y = 0$ para todo y en $\mathbb{C}^n$ entonces $x = 0$.
2. El producto punto complejo es un producto hermitiano y definido positivo. Más aún:
    (a) Si x está en $\mathbb{C}^n$ entonces $x \cdot x \geq 0$.
    (b) Además, $x \cdot x = 0$ si y solo si $x = 0$.
3. En particular, el producto punto complejo es un producto interno.

Propio, subconjunto
Se dice que A es un subconjunto propio de B si:
1. El conjunto A es un subconjunto de B.
2. El conjunto A es diferente del conjunto B.
En este caso se escribe $A \subsetneq B$. In.: *proper subset* [**12**, p. 2].

Proposición
En matemáticas, una proposición es un enunciado que es verdadero o falso, pero no ambas cosas a la vez. Sin. (s): afirmación. In.: *statement, proposition* [**24**, p. 11].

Proyección, matriz
Se dice que una matriz A es una matriz de proyección si $A^2 = A$. Sin. (s): matriz idempotente. In.: *projection matrix, idempotent matrix* [**19**, p. 37]. ↪ « Proyección ortogonal sobre un subespacio de $\mathbb{R}^n$»

✪[**19**, p. 37, p. 148]:
1. El autovalor de una matriz de proyección es 0 o 1.
2. El polinomio mínimo de una matriz de proyección es $z(z-1)$
    En particular, toda matriz de proyección es diagonalizable.

Proyección, operador
Si $V = U \oplus W$ para un par de espacios vectoriales U y W sobre un mismo campo entonces cada $v \in V$ puede ser escrito en forma única como $v = u + w$. A la transformación $P \in \mathscr{L}(V)$ definida para

cada $v = u + w$ por $P(v) = u$ se le llama proyección sobre U. IN.: *projection onto U* [**18**, p. 73]. SIN. (S): operador idempotente.

✪[**18**, p. 73 ss] [**6**, p. 30, teo 2.4]:

1. Una tranformación lineal P es una proyección sobre algún subespacio si y solo si $P^2 = P$. En este caso $V = $ Ran $P \oplus$ Ker P y P es una proyección sobre Ran P.
2. Si $P : U \oplus W \to U$ es una proyección sobre U entonces para todo $u \in U$, $P(u) = u$ y además $P(w) = 0$ para todo $w \in W$.
3. Una transformación lineal P es una proyección si y solo si $I - P$ es una proyección. Si $P : U \oplus W \to U$ es una proyección sobre U entonces $I - P : U \oplus W \to U$ es una proyección sobre el espacio W.
4. Sean $P_1 : U_1 \oplus W_1 \to U_1$ y $P_2 : U_2 \oplus W_2 \to U_2$ proyecciones sobre U_1 y U_2 respectivamente. Se cumple lo siguiente:
   (a) $P = P_1 + P_2$ es una proyección si y solo si

   $$P_1 P_2 = P_2 P_1 = 0,$$

   en este caso P es una proyección sobre $U_1 \oplus U_2$.
   (b) $P = P_1 - P_2$ es una proyección si y solo si

   $$P_1 P_2 = P_2 P_1 = P_2,$$

   en este caso P es una proyección sobre $U_1 \cap W_2$.
   (c) Si $P_1 P_2 = P_2 P_1 = P$ entonces P es una proyección sobre $U_1 \cap U_2$.

Proyección canónica

Sea V un espacio vectorial sobre un campo $\mathbb{K}$, S un subespacio de V y V/S el espacio cociente de V respecto a S. A la aplicación $\pi_S : V \to V/S$ definida por

$$\pi_S(v) = [v] = v + S,$$

se le llama proyección canónica de V sobre S. IN.: *canonical projection* [**29**, p. 85].

✪[**29**, p. 85 ss]:

1. La proyección canónica π_S de un espacio vectorial V sobre algún subespacio S es una transformación lineal tal que

   $$\text{Ker } \pi_S = S \quad \text{y} \quad \text{Ran } \pi_S = V/S.$$

2. *Propiedad universal.* Sean V y W dos espacios vectoriales sobre un mismo campo y S un subespacio de V. Si la transformación lineal $T : V \to W$ satisface $S \subset \operatorname{Ker} T$ entonces existe una única transformación lineal $T' : V/S \to W$, definida por $T'(v + S) = T(v)$ tal que

$$T' \circ \pi_S = T.$$

Además, $\operatorname{Ker} T' = \operatorname{Ker} T/S$ y $\operatorname{Ran} T' = \operatorname{Ran} T$. Para el caso particular $S = \operatorname{Ker} T$, la transformación lineal

$$T'(v + \operatorname{Ker} T) = T(v)$$

es inyectiva y por tanto el espacio $V/\operatorname{Ker} T$ es isomorfo al subespacio $\operatorname{Ran} T$ vía T'.

Proyección ortogonal sobre una lína

Sean V un espacio vectorial sobre un campo $\mathbb{K}$ y $\langle \cdot, \cdot \rangle$ un producto interno definido en V. Sea w_0 un vector distinto del cero de V. Para cada v en V, sea

$$\alpha = \frac{\langle v, w_0 \rangle}{\langle w_0, w_0 \rangle} \in \mathbb{K}.$$

A αw_0 se le llama proyección ortogonal de v a lo largo de w_0. SIN. (S): componente de v a lo largo de w_0. IN.: *orthogonal projection of a vector along other vector* [**22**, p. 99].

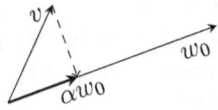

✸ Si αw_0 es la proyección ortogonal de v a lo largo de w_0 entonces

$$\langle v - \alpha w_0, w_0 \rangle = 0.$$

Proyección ortogonal sobre un subespacio de $\mathbb{R}^n$

Sea $\mathbf{B} = \{w_1, w_2, \dots w_m\}$ la base de un subespacio S de $\mathbb{R}^n$ donde $m < n$. Los coeficientes de la combinación lineal

$$p = \alpha_1 w_1 + \alpha_2 w_2 + \cdots \alpha_m w_w$$

más cercana (en el sentido de mínimos cuadrados) a un vector dado v se encuentra resolviendo el sistema de ecuaciones:

$$B^\top Bx = B^\top v$$

donde B la matriz de $n \times m$ cuyas columnas son los elementos de **B**. La matriz $B^\top B$ es invertible y simétrica, por tanto la solución del sistema anterior es $x = (B^\top B)^{-1}B^\top v$. La proyección de un $v \in \mathbb{R}^n$ sobre span **B** está dada por [**34**, p. 210 ss]:

$$p = Bx = B(B^\top B)^{-1}B^\top v.$$

Además la matriz $A = B(B^\top B)B^\top$ es una matriz de proyección y de hecho $P = T_A$ es la proyección ortogonal de $\mathbb{R}^n$ sobre $S = $ span **B**. IN.: *projection of a vector onto a subspace.*

Proyección ortogonal, operador

Sean V un espacio vectorial sobre un campo $\mathbb{K}$ con un producto interno definido en V. Sea U un subespacio de V. Si $V = U \oplus U^\perp$, a la aplicación $P : V \to U$ que a cada $u + w \in U \oplus U^\perp = V$ lo envía a u se le llama proyección ortogonal de V sobre U. IN.: *orthogonal projection, perpendicular projection* [**18**, p. 146].

✪ Sea V un espacio vectorial con un producto interno $\langle \cdot, \cdot \rangle$ y $\| \cdot \|$ la norma proveniente del producto interno dado.

1. Una proyección ortogonal P de V sobre cualquier subespacio U es un operador sobre V i. e. $P \in \mathscr{L}(V)$ tal que [**3**, p. 113]:

   $$\operatorname{Ran} P = U \quad \text{y} \quad \operatorname{Ker} P = U^\perp.$$

2. Una transformación lineal P es una proyección ortogonal si y solo si $P^2 = P = P^\star$ [**18**, p. 146].

3. **Teorema de la proyección ortogonal.** Para todo $v \in V$ y u en un subespacio U de V, la proyección ortogonal P de V sobre U satisface para todo $u \in U$:

   $$\|v - P(v)\| \le \|v - u\|.$$

En otras palabras, $P(v)$ es el punto «más cercano» en U de v. Además, si $\{v_1, v_2, \ldots, v_s\}$ es una base ortonormal de U entonces

$$P(v) = \langle v, v_1 \rangle v_1 + \langle v, v_2 \rangle v_2 + \cdots + \langle v, v_s \rangle v_s.$$

Se cumple también que $P(v)$ es el único punto de U tal que $\langle P(v) - v, u \rangle = 0$, para todo $u \in U$ cf. « Mínimos cuadrados » [**3**, p. 113] [**38**, p. 187 ss].

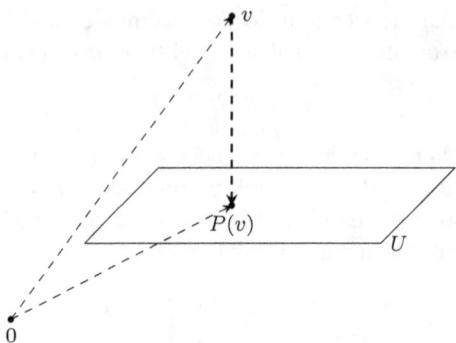

4. Sean P_1 y P_2 dos proyecciones ortogonales de V sobre U_1 y U_2 respectivamente. Se cumple lo siguiente [**18**, p. 147 ss]:
   (a) $P_1 P_2 = 0$ si y solo si $U_1 \subset U_2^{\perp}$.
   (b) Las siguientes afirmaciones son equivalentes:
      i. El operador $P_2 - P_1$ es semidefinido positivo.
      ii. Para todo $v \in V$, $\|P_1(v)\| \leq \|P_2(v)\|$.
      iii. Se cumple que $U_1 \subset U_2$.
      iv. El operador P_1 es igual a $P_2 P_1$.
      v. El operador P_1 es igual a $P_1 P_2$.
5. Si $P_1, P_2, \ldots, P_n$ son proyecciones ortogonales entonces

$$P = P_1 + P_2 + \cdots + P_n$$

es una proyección ortogonal si y solo si $P_i P_j = 0$ si $i \neq j$, para todo $i, j = 1, 2, \ldots, n$ [**18**, p.148].

Puramente imaginario

Se dice que un número complejo $z = a + \mathbf{i}b$ es puramente imaginario si $a = 0$. El número $z = 0$ es el único que es real y además puramente imaginario [**1**, p. 1].

QR, descomposición

Se dice que una matriz A admite una descomposición QR si existe Q matriz unitaria y R matriz triangular superior invertible, tales que $A = QR$. IN.: *QR-factorization* [**19**, p. 112].

✪ Toda matriz invertible admite una descomposición QR.

R

Radio espectral de un operador

Sea V un espacio vectorial de dimensión finita definido sobre $\mathbb{C}$ con producto interno y sea $T \in \mathscr{L}(V)$. El radio espectral de T se define como sigue:

$$\rho(T) = \text{máx}\{|\lambda| : \lambda \in \sigma(T)\}.$$

IN.: *spectral radius of an operator* [**18**, p. 182].

✪ Sea V un espacio vectorial sobre $\mathbb{C}$ con producto interno $\langle \cdot, \cdot \rangle$ y $T \in \mathscr{L}(V)$. Se cumple lo siguiente [**18**, p. 182 ss]:

1. $\rho(T) \leq |\,T\,|$.
2. $\rho(T) = \lim_{k \to \infty} |\,T^k\,|^{\frac{1}{k}}$.
3. $\rho(T) = |\,T\,|$ si y solo si $|\,T^k\,| = |\,T\,|^k$ para $k = 0, 1, 2, \ldots$
4. Las siguientes afirmaciones son equivalentes:
   (a) $\rho(T) < 1$.
   (b) $|\,T^k\,| \to 0$ si $k \to \infty$.
   (c) $\|T^k(x)\| \to 0$ si $k \to \infty$, para $x \in V$ fijo ($\|\cdot\|$ es evidentemente la norma de V proveniente del producto interno dado).
   (d) $|\langle T^k(x), y \rangle| \to 0$ si $k \to \infty$, para $x, y \in V$ fijos.
5. *Relación con el radio espectral de una matriz.*
   (a) Si **B** es cualquier base de un espacio vectorial V sobre $\mathbb{C}$ entonces $\rho(T) = \rho((T)_\mathbf{B})$.
   (b) Para cualquier matriz cuadrada A, $\rho(A) = \rho(\mathrm{T}_A)$.

Radio espectral de una matriz

Sea A una matriz cuadrada con entradas en $\mathbb{C}$. El radio espectral de A se define como sigue:

$$\rho(A) = \text{máx}\{|\lambda| : \lambda \in \sigma(A)\}$$

IN.: *spectral radius of a matrix* [**19**, p. 296].

✪

1. Sea A una matriz en el espacio vectorial de matrices de $n \times n$ dotado de alguna norma. Entonces $\lim_{k \to \infty} A^k = 0$ si y solo si $\rho(A) < 1$ [**19**, p. 298, teo. 5.6.12].

2. *Relación con la norma matricial.* ↪ « Norma matricial ».

Raíz cuadrada de un operador

Sea V un espacio vectorial con un producto interno. Sea $T \in \mathscr{L}(V)$ un operador. Una raíz cuadrada de T es un operador $S \in \mathscr{L}(V)$ tal que $S^2 = T$. Si T tiene solo una raíz, se denota esta raíz por $\sqrt{T}$. In.: *square root of an operator* [**3**, p. 145].

⊛ *Relación con los operadores semidefinidos positivos* ↪ « Semidefinido positivo, operador ».

Raíz de un polinomio

Una raíz de un polinomio $p(z) = a_m z^m + \cdots + a_2 z^2 + a_1 z + a_0$ sobre un campo $\mathbb{K}$ es un escalar $\alpha \in \mathbb{K}$ tal que

$$p(\alpha) = a_m \alpha^m + \cdots + a_2 \alpha^2 + a_1 \alpha + a_0 = 0.$$

In.: *root of a polynomial* [**22**, p. 133].

⊛ [**22**, p. 246 ss, 254]:

1. Sea $p(z)$ un polinomio sobre un campo $\mathbb{K}$ de grado $m \geq 1$. Un escalar $\alpha \in \mathbb{K}$ es una raíz de $p(z)$ si y solo si existe un polinomio $q(z)$ sobre $\mathbb{K}$ de grado $m - 1$ tal que

$$p(z) = (z - \alpha) q(z),$$

   para todo $z \in \mathbb{K}$.
2. Sea $p(z)$ un polinomio sobre un campo $\mathbb{K}$ de grado $m \geq 0$. Entonces $p(z)$ tiene a lo más m distintas raíces en $\mathbb{K}$.
3. Sea $p(z)$ un polinomio sobre $\mathbb{C}$ de grado $m \geq 1$ entonces $p(z)$ tiene una única factorización (excepto en el orden de los factores) de la forma:

$$c(z - \alpha_1)^{m_1} \cdot (z - \alpha_2)^{m_2} \cdots (z - \alpha_r)^{m_r}$$

   dónde $c, \alpha_1, \alpha_2, \ldots, \alpha_r \in \mathbb{C}$, los enteros $m_1, m_2, \ldots, m_r > 0$ están determinados en forma única y además,

$$m_1 + m_2 + \cdots + m_r = m.$$

4. Sea $p(z)$ un polinomio con coeficientes en $\mathbb{R}$. Si α es una raíz compleja de $p(z)$ entonces $\overline{\alpha}$ también es una raíz de $p(z)$.

Rango de las columnas o renglones de una matriz

↪ « Rango de una matriz ».

Rango de una matriz

Sea A una matriz de $m \times n$ con entradas pertenecientes a un campo $\mathbb{K}$. Sean

$$C = \{C^1, C^2, \ldots C^n\}$$

el conjunto compuesto por las columnas [renglones] de A, vistas (vistos) como vectores en $\mathbb{K}^m$. El **rango de las columnas [renglones]** de A es la dimensión del subespacio de $\mathbb{K}^m$ generado por C. IN.: *column rank [row rank]*. El rango de las columnas de A es igual al rango los renglones de A. A este número se le denota por ran A y se llama el rango de la matriz A. IN.: *rank of a matrix* [**22**, p. 113 ss].

✪[**22**, p. 114 ss] [**19**, p. 13]:

1. El rango de una matriz A es el máximo número de columnas [renglones] linealmente independientes de A.

2. Sea A una matriz de $m \times n$. Entonces $n - \text{ran } A$ es la dimensión del espacio de soluciones del sistema de ecuaciones lineales $Ax = 0$. Además,

$$\text{ran } A \leq \text{mín}\{m, n\}.$$

3. Si T_A es la transformación lineal asociada a una matriz A entonces

$$\text{ran } A = \dim \text{Ran } T_A.$$

4. Si a una matriz se le «borran» renglones o columnas, el rango de la submatriz resultante no puede ser mayor que el rango de la matriz original.

5. Si A es de $m \times k$ y B es de $k \times n$ entonces

$$(\text{ran } A + \text{ran } B) - k \leq \text{ran } AB \leq \text{mín}\{\text{ran } A, \text{ran } B\}.$$

6. Si A y B son matrices que se pueden sumar, se cumple que

$$\text{ran } (A + B) \leq \text{ran } A + \text{ran } B.$$

7. Para cualquier matriz compleja A,

$$\text{ran } A^\star = \text{ran } A^\top = \text{ran } \overline{A} = \text{ran } A = \text{ran } A^\star A.$$

8. Si A es de $m \times m$ y C es de $n \times n$, ambas no singulares, y B es una matriz de $m \times n$ entonces

$$\text{ran } AB = \text{ran } B = \text{ran } BC = \text{ran } ABC.$$

9. Si A y B son matrices de las mismas dimensiones entonces ran A = ran B si y solo si existen matrices no-singulares X y Y tales que $B = XAY$.

10. *Caracterización del rango de una matriz.* Sea A una matriz de $m \times n$, las siguientes afirmaciones son equivalentes:

    (a) ran $A = k$.

    (b) Existen k —y no más que k— renglones de A linealmente independientes.

    (c) Existen k —y no más que k— columnas de A linealmente independientes.

    (d) Existe una submatriz de A de dimensiones $k \times k$ no-singular pero todas las submatrices de A de dimensiones $k + 1 \times k + 1$ son singulares.

    (e) $k = n - \dim \operatorname{Ker} T_A$.

Rango de una transformación lineal

Sean V y W dos espacios vectoriales sobre $\mathbb{K}$ y sea $T : V \to W$ una transformación lineal. El rango de T es el conjunto de elementos w en W tales que existe v en V con $T(v) = w$. Al rango de la transformación lineal T se le denota por Ran T. En otras palabras,

$$\operatorname{Ran} T = \{w \in W : \exists v \in V \text{ con } T(v) = w\}.$$

Otra notación: range T. Sin.(s): imagen de una transformación lineal. In.: *range of a linear transformation* [**3**, p. 43].

✪

1. El rango de una transformación lineal $T \in \mathscr{L}(V, W)$ es un subespacio de W [**3**, p. 43, prop. 3.3].

2. *Relación con el núcleo de una transformación lineal.* ↪ « Núcleo de una transformación lineal ».

Rayleigh-Ritz, teorema

↪ « Adjunta, matriz ».

Real, matriz

Una matriz real es una matriz cuyas entradas son todas números reales. In.: *real matrix*.

Reflexión, matriz

↪ « Householder, matriz real o compleja ».

Relación de equivalencia

Sea A un conjunto no vacío y **R** una relación binaria definida sobre A. Se dice que **R** es una relación de equivalencia si:

1. $x\mathbf{R}x$ para todo x en A.
2. Para cualesquiera x e y en A, si $x\mathbf{R}y$ entonces $y\mathbf{R}x$.
3. Para cualesquiera x, y y z en A, si $x\mathbf{R}z$ y además $z\mathbf{R}y$ entonces $x\mathbf{R}y$.

IN.: *equivalence relation* [**12**, p. 14].

Renglón de una matriz

Sea

$$A = \begin{pmatrix} a_{11} & a_{12} & \cdots & a_{1n} \\ a_{21} & a_{22} & \cdots & a_{2n} \\ \vdots & \vdots & & \vdots \\ a_{m1} & a_{m2} & \cdots & a_{mn} \end{pmatrix}$$

una matriz. Se define el i-ésimo renglón de A como el vector:

$$(a_{i1}, a_{i2}, \ldots, a_{in}).$$

IN.: *row* [**22**, p. 23].

Representación polar de un número complejo

Si $z = a + b\mathbf{i}$ es un número complejo, su representación polar es la siguiente:

$$z = r(\cos\theta + \mathbf{i}\operatorname{sen}\theta),$$

donde $r = |z|$ y θ es un ángulo que satisface $\cos\theta = \dfrac{a}{r}$ y $\operatorname{sen}\theta = \dfrac{b}{r}$.
SIN. (S): representación trigonométrica de un número complejo. IN.: *polar form of a complex number* [**1**, p. 13].

Restricción de una función

Dada una función $f : X \to Y$ y $A \subset X$, a la función $f \cap (A \times Y)$ se le llama restricción de f en A (o f restringida en A) y se denota por $f|_A$ [**12**, p.12].

✪ Sea X un conjunto y $\{A_\lambda : \lambda \in \Lambda\}$ una familia de subconjuntos de X tales que $\cup_\lambda A_\lambda = X$. Para cada $\lambda \in \Lambda$ sea $f_\lambda : A_\lambda \to Y$ dada. Si

$$f_\lambda|_{A_\lambda \cap A_\xi} = f_\xi|_{A_\lambda \cap A_\xi}$$

para cada par de índices λ y ξ entonces existe una única función $f : X \to Y$ tal que $f|_{A_\lambda} = f_\lambda$, para todo $\lambda \in \Lambda$ [**12**, p. 13, teo. 6.7.].

Rotación, matriz

Una matriz de rotación es una matriz ortogonal con determinante igual a 1 [**37**].

S

Schur, descomposición y forma

Sea A una matriz cuadrada. Una descomposición de Schur para la matriz A es una igualdad de la forma:

$$Q^* A Q = U = D + W,$$

donde Q es una matriz unitaria, U es una matriz triangular superior, D es una matriz diagonal cuyos elementos en la diagonal son los autovalores de A y W es una matriz estrictamente triangular superior. IN.: *Shur descomposition.* A la matriz U se le llama forma de Schur de A. IN.: *Shur form* [**19**, p. 79].

❂ Toda matriz compleja y cuadrada admite una descomposición de Schur. Si A es real y todos sus autovalores son reales entonces admite una descomposición de Schur donde Q es real y ortogonal [**19**, p. 79].

Schur, producto

Sean $A = (a_{ij})$ y $B = (b_{ij})$ matrices de la misma dimensión. El producto de Schur se define como $A \cdot B = (a_{ij} b_{ij})$. SIN. (S): producto de Hadarmad. IN.: *Schur product, Hadamard product.*

Segmento

Sea V un espacio vectorial sobre un campo $\mathbb{K}$ y sean v y w dos vectores distintos en V. Al conjunto

$$\{(1 - t)v + tw : 0 \le t \le 1\},$$

se le llama segmento que une a v con w. IN.: *segment.*

Semidefinida negativa, matriz

Sea A una matriz de $n \times n$ con entradas en un campo $\mathbb{K}$. Se dice que A es una matriz semidefinida negativa, si $-A$ es una matriz semidefinida positiva. IN.: *negative-semidefinite matrix* [**19**, p. 397].

Semidefinida negativo, operador

Sea V un espacio vectorial sobre un campo $\mathbb{K}$. Sea $\langle \cdot, \cdot \rangle$ un producto interno definido en V. Un operador $T \in \mathscr{L}(V)$ se dice que es semidefinido negativo si $-T$ es un operador semidefinido positivo. IN.: *negative-definite operator.*

Semidefinida positiva, matriz

Sea A una matriz compleja de $n \times n$. Se dice que A es una matriz definida positiva, si:

1. Es autoadjunta.
2. Para todo $x = (x_1, x_2, \ldots, x_n)^\top \in \mathbb{C}^n$ distinto de cero:

$$x^\star A x \geq 0.$$

IN.: *(Hermitian) positive-semidefinite matrix.* Si para cualquier vector $x = (x_1, x_2, \ldots, x_n)^\top \in \mathbb{C}^n$, $x^\star A x$ es un número real entonces A es un matriz autoadjunta [**19**, p. 397], por lo que no es necesario el primer requerimiento de la definición, sin embargo se acostumbra escribirlo. IN.: *positive-semidefinite matrix* [**19**, p. 182]. No confundir con matriz positiva.

✪[**19**, p. 398 ss, p. 480 ss] [**6**, p. 126]:

1. Sea A una matriz A compleja. Las siguientes afirmaciones son equivalentes:
   (a) La matriz A es semidefinida positiva.
   (b) La matriz A es autoadjunta y todos los autovalores de A son números reales positivos o cero.
   (c) Existe una matriz autoadjunta B tal que $B^2 = A$.
   (d) Existe una matriz C tal que $C^\star C = A$.
2. Si A es una matriz semidefinida positiva entonces $\det A$, $\operatorname{tr} A$ y todos sus menores principales son reales positivos o cero.
3. Si A es una matriz semidefinida positiva entonces

$$\det A \leq \prod_{i=1}^{n} a_{ii}.$$

Además, si A es definida positiva entonces la igualdad se alcanza si y solo si A es una matriz diagonal.

Semidefinida positiva, matriz (real)

Sea A una matriz real de $n \times n$. Se dice que A es una matriz (real) semidefinida positiva, si:

1. Es simétrica.
2. Para todo vector $x = (x_1, x_2, \ldots, x_n)^\top \in \mathbb{R}^n$ distinto de cero:

$$x^\top A x \geq 0.$$

IN.: *real positive-definite matrix* [**4**, p. 313]. Si para todo vector $x = (x_1, x_2, \ldots, x_n)^\top \in \mathbb{R}^n$, $x^\top A x$ es un número real entonces A no es necesariamente simétrica [**19**, p. 397], por tanto es necesario este requerimiento, a diferencia del caso complejo.

❂

1. Toda matriz real semidefinida positiva es semidefinida positiva en el sentido complejo. En otras palabras, si $x^\top A x \geq 0$ para todo $x \in \mathbb{R}^n$ distinto de cero entonces $y^\star A y \geq 0$ para todo $y \in \mathbb{C}^n$ distinto de cero [**4**, p. 313].
2. Una matriz real simétrica es semidefinida positiva si y solo si todos sus autovalores son positivos o cero [**6**, p. 126].

Semidefinido positivo, operador

Sea V un espacio vectorial sobre un campo $\mathbb{K}$ con el producto interno $\langle \cdot, \cdot \rangle$ definido en V. Un operador $T \in \mathscr{L}(V)$ se dice que es semidefinido positivo si:

1. Es autoadjunto.
2. Para todo $v \in V$ se cumple que $\langle T(v), v \rangle \geq 0$.

SIN. (S): operador positivo. IN.: *positive-semidefinite operator, positive operator* [**6**, p. 123].

❂ Sea V un espacio vectorial sobre un campo $\mathbb{K}$ con un producto interno, se cumple lo siguiente [**6**, p. 124 ss] [**3**, p. 159]:

1. Sea $T \in \mathscr{L}(V)$. Las siguientes afirmaciones son equivalentes:
   (a) El operador T es semidefinido positivo.
   (b) El operador T es autoadjunto y todos los autovalores de T son positivos o cero.
   (c) Existe un operador autoadjunto $S \in \mathscr{L}(V)$ tal que

$$S^2 = T.$$

   (d) Existe un operador $H \in \mathscr{L}(V)$ tal que $H^\star H = T$.
2. Si $T, S \in \mathscr{L}(V)$ son semidefinidos positivos entonces $T + S$ es definido positivo.
3. Si $T \in \mathscr{L}(V)$ es semidefinido positivo entonces también lo es T^n para cualquier n natural.

Semilineal, transformación

Sean V y W dos espacios vectoriales sobre $\mathbb{C}$. Se dice que una función $T : V \to W$ es semilineal si:

1. Si u y v están en V entonces $T(u + v) = T(u) + T(v)$.
2. Si $\alpha \in \mathbb{C}$ y $v \in V$ entonces $T(\alpha v) = \overline{\alpha}\, T(v)$.

SIN. (S): transformación antilineal o transformación conjugada lineal. IN.: *semilinear transformation, antilinear transformation* [**19**, p. 251].

Seminorma

Sea V un espacio vectorial sobre un campo $\mathbb{K}$. Una seminorma para V es una aplicación

$$\|\cdot\| : V \to \mathbb{R}^+ \cup \{0\}$$

que satisface lo siguiente:
1. Si $\|v\| \geq 0$ para todo v en V.
2. Para todo vector v de V y α en $\mathbb{K}$, se cumple $|\alpha| \|v\| = \|\alpha v\|$.
3. Si v y w están en V entonces $\|v + w\| \leq \|v\| + \|w\|$.

IN.: *seminorm* [**19**, p. 259].

Si – entonces ($\Longrightarrow$)

$\hookrightarrow$ « Condicional, proposición ».

Si y solo si ($\Longleftrightarrow$)

$\hookrightarrow$ « Equivalentes, proposiciones ».

Simétrica, matriz

Se dice que una matriz cuadrada con entradas en un campo $\mathbb{K}$ es simétrica si

$$A = A^\top.$$

IN.: *symmetric matrix* [**19**, p. 167].

✪
1. Toda matriz simétrica real es autoadjunta.
2. *Caracterización de las matrices reales simétricas.* $\hookrightarrow$ « Diagonalizable, matriz ».

Similares, matrices

Sean A y B matrices con entradas en un mismo campo $\mathbb{K}$. Se dice que A y B son similares si existe una matriz invertible N, también con entradas en $\mathbb{K}$, tal que:

$$B = N^{-1}AN.$$

IN.: *similar matrices* [**19**, p. 44].

✪ Sean A y B matrices similares entonces [**19**, p. 45 ss, p. 143]:
1. Tienen el mismo rango: ran A = ran B.
2. El determinante de ambas es el mismo: det A = det B.
3. Ambas tienen la misma traza: tr A = tr B.
4. El polinomio característico de A es el mismo que el de B.
5. El conjunto de autovalores de A es el mismo que el conjunto de autovalores de B.

6. El polinomio mínimo de A es el mismo que el polinomio mínimo de B.

7. Toda matriz compleja A admite una forma canónica de Jordan J similar a ella.

Singular, matriz

Se dice que una matriz es singular si no es invertible.

Sistemas homogéneo de ecuaciones lineales

Un sistema homogéneo de ecuaciones lineales en un sistema de ecuaciones lineales del tipo $Ax = 0$, donde A es una matriz dada con entradas en campo $\mathbb{K}$ de $m \times n$ y $x = (x_1, x_2, \dots, x_n)^\top$ es el vector de las incógnitas. In.: *homogeneous system of linear equations* [**22**, p. 29].

❂ La dimensión del subespacio de soluciones del sistema homogéneo de ecuaciones $Ax = 0$ es $n - \operatorname{ran} A$ [**22**, p. 114].

Sistemas de ecuaciones lineales

Sea $\mathbb{K}$ un campo. Sea $A = (a_{ij})$ una matriz con entradas en un campo $\mathbb{K}$ de $m \times n$. Dados $b_1, b_2, \dots, b_m$ elementos de $\mathbb{K}$. Al conjunto de ecuaciones del siguiente tipo:

$$
\begin{array}{ccccccccc}
a_{11}x_1 & + & a_{12}x_2 & + & \cdots & + & a_{1n}x_n & = & b_1 \\
a_{21}x_1 & + & a_{22}x_2 & + & \cdots & + & a_{2n}x_n & = & b_1 \\
\vdots & & \vdots & & & & \vdots & & \vdots \\
a_{m1}x_1 & + & a_{m2}x_2 & + & \cdots & + & a_{mn}x_n & = & b_m
\end{array}
$$

se le llama sistema de ecuaciones lineales. En notación matricial el sistema de ecuaciones anterior se puede escribir como la ecuación

$$Ax = b,$$

El problema es encontrar las soluciones $x = (x_1, x_2, \dots, x_n)^\top \in \mathbb{K}^n$ que satisfacen $Ax = b$. A cualquier $x \in \mathbb{K}^n$ que satisface $Ax = b$ se le llama solución del sistema de ecuaciones. En este caso se dice que el sistema consta de m ecuaciones y n incógnitas. In.: *system of linear equations* [**22**, p. 29].

Sobreyectiva, función

Se dice que una función $f : A \to B$ es sobreyectiva (o simplemente sobre) si para todo b en B existe a en A tal que $f(a) = b$. Sin.(s): suprayectiva. In.: *onto map* [**12**, p. 13].

Subconjunto

Se que un conjunto B es un subconjunto de A, si todo elemento perteneciente a B pertenece también a A. En este caso se escribe $B \subset A$. Otra notación: $B \subseteq A$. En otras palabras, $B \subset A$ si $x \in B$ implica que $x \in A$. In.: *subset* [**12**, p. 2].

✪ Para cualesquiera conjuntos A, B y C se cumple lo siguiente:
1. $A \subset A$.
2. Si $A \subset B$ y $B \subset C$ entonces $A \subset C$.
3. $A = B$ si y solo si $A \subset B$ y $B \subset A$.
4. $\emptyset \subset A$.

Subconjunto propio

Se que un conjunto B es un subconjunto propio de A si B es un subconjunto de A, pero $B \neq A$. Se escribe $A \subsetneq B$. In.: *proper subset* [**12**, p. 2].

Subespacio vectorial

Sea V un espacio vectorial sobre un campo $\mathbb{K}$. Un subconjunto $W \neq \emptyset$ de V es un subespacio vectorial de V (o simplemente subespacio de V) si para todo v y w en W y para todo α y β en $\mathbb{K}$,

$$\alpha v + \beta w \in W.$$

In.: *subspace, linear subspace* [**18**, p. 16].

✪ La intersección arbitraria de subespacios es también un subespacio. Esto es, si cada W_λ, donde $\lambda \in \Lambda$, es un subespacio de un espacio vectorial V, también lo es el conjunto

$$\bigcap_{\lambda \in \Lambda} W_\lambda,$$

para cualquier conjunto de índices Λ [**18**, p. 17 ss].

Submatriz

Si A es una matriz, una submatriz de A es cualquier matriz que resulta de «borrarle» renglones y/o columnas (no todos) a la matriz original A.

Suficiente, condición

↪ «Condicional, proposición».

Suma de matrices

↪ «Espacio vectorial de matrices».

Suma de Kronecker

↪ «Kronecker, suma».

Suma de polinomios

↪ « Espacio vectororial de polinomios ».

Suma de subespacios

Sea V un espacio vectorial y sean U y W subespacios de V. La suma de U y W se define como el subconjunto de V cuyos elementos son de la forma $u + w$ donde $u \in U$ y $w \in W$. Se denota por $U + W$. Análogamente, si $V_1, V_2, \ldots V_n$ son subespacios de V se define

$$\sum_{i=1}^{n} V_i = \{v_1 + v_2 + \cdots + v_n : v_i \in V_i, i = 1, 2, \ldots, n\}.$$

IN.: *sum of subspaces* [**18**, p. 18] cf. [**6**, p. 24].

✪ Sea V un espacio vectorial, se cumple lo siguiente [**18**, p. 18 ss]:

1. La suma de dos subespacios vectoriales U y W de V es un subespacio vectorial de V, de hecho

$$U + W = \operatorname{span} (U \cup W).$$

Además,

$$\dim U + \dim W = \dim (U + W) + \dim (U \cap W).$$

2. Más generalmente, si $V_1, V_2, \ldots V_n$ son subespacios de V,

$$\sum_{i=1}^{n} V_i = \operatorname{span} \bigcup_{i=1}^{n} V_i.$$

3. Si S es otro subespacio de V entonces

$$S \cap (U + (S \cap W)) = (S \cap U) + (S \cap W).$$

Suma directa de subespacios

Sea V un espacio vectorial sobre un campo $\mathbb{K}$ y sean U y W subespacios de V. La suma directa de U y W —se escribe $V = U \oplus W$— es el espacio vectorial cuyos elementos son pares ordenados (u, w) en $U \times W$ con la suma y multiplicación por escalar definida para todo $(u, w), (u', w') \in U \oplus W$ y $\alpha \in \mathbb{K}$:

$$(u, w) + (u', w') = (u + u', w + w')$$

y

$$\alpha(u, w) = (\alpha u, \alpha w).$$

Más generalmente se define

$$\bigoplus_{i=1}^{n} V_i = V_1 \oplus V_2 \oplus \cdots \oplus V_n$$

como el conjunto de n-tuplas en $V_1 \times V_2 \times \cdots \times V_n$ con la suma y multiplicación por escalar definidos de forma análoga al caso se tiene $n = 2$. IN.: *direct sum of subspaces* [**18**, p. 28] cf. [**6**, p. 25].

✪[**18**, p. 29 ss] [**6**, p. 26 ss, p. 31 teo. 2.5]:

1. Sean U y W dos subespacios de V. Las siguientes afirmaciones son equivalentes.

   (a) La aplicación dada por $T(u, w) = u + w$ es un isomorfismo de $U \oplus W$ sobre V. En este caso se escribe usualmente en la literatura

   $$V = U \oplus W.$$

   (b) $V = U + W$ y $U \cap W = \{0\}$.

   (c) Cada vector $v \in V$ tiene una y solo una representación de la forma $v = u + w$, donde $u \in U$ y $w \in W$.

   (d) Si $u + w = 0$ donde $u \in U$ y $w \in W$ entonces $u = w = 0$.

2. Si $V = U \oplus W$ entonces

   $$\dim V = \dim U + \dim W.$$

3. Más generalmente, si $V_1, V_2, \ldots V_n$ son subespacios de V entonces las siguientes afirmaciones son equivalentes.

   (a) La aplicación dada por

   $$T(v_1, v_2, \ldots, v_n) = v_1 + v_2 + \cdots + v_n$$

   es un isomorfismo de $\bigoplus_{i=1}^{n} V_i$ sobre V. En este caso se escribe

   $$V = \bigoplus_{i=1}^{n} V_i.$$

   (b) Para cada $i = 1, 2, \ldots, n$ se cumple que

   $$V_i \cap \sum_{i \neq j} V_j = \{0\}.$$

   (c) Cada vector v tiene una y solo una representación de la forma $v = v_1 + v_2 + \cdots + v_n$ donde cada v_i en V_i con $i = 1, 2, \ldots, n$.

(d) Si $v_1 + v_2 + \cdots + v_n = 0$ donde cada $v_i \in V_i$ entonces $v_i = 0$ para $i = 1, 2, \ldots, n$.

(e) Existen transformaciones lineales $P_1, P_2, \ldots, P_n : V \to V$ tales que

    i. $\sum_{i=1}^{n} P_i = I_V$.

    ii. Si $i \neq j$ entonces $P_i P_j = 0$.

    iii. Cada P_i es idempotente y $V_i = \text{Ran } P_i$ para todo $i = 1, 2, \ldots, n$.

4. Sea $V = \bigoplus_{i=1}^{n} V_i$ donde $V_1, V_2, \ldots V_n$ son subespacios de V. Si $\mathbf{B}_i$ es una base para V_i entonces el conjunto $\bigcup_{i=1}^{n} \mathbf{B}_i$ es una base de V. En particular,

$$\dim \bigoplus_{i=1}^{n} V_i = \sum_{i=1}^{n} \dim V_i.$$

En vista de lo anterior, a los elementos de $\bigoplus_{i=1}^{n} V_i$ se les suele denotar por $v_1 + v_2 + \cdots + v_n$ en lugar de $(v_1, v_2, \ldots, v_n)$. En este atlas se usa esta notación.

Suma directa de matrices

La suma directa de dos matrices cuadradas A y B (no necesariamente de las mismas dimensiones) es la matriz diagonal a bloques:

$$A \oplus B = \begin{pmatrix} A & 0 \\ 0 & B \end{pmatrix}$$

En general la suma directa de n matrices cuadradas $A_1, A_2, \ldots A_n$ se define como

$$\bigoplus_{i=1}^{n} A_i = \begin{pmatrix} A_1 & 0 & \cdots & 0 \\ 0 & A_2 & & \vdots \\ \vdots & & \ddots & 0 \\ 0 & \cdots & 0 & A_n \end{pmatrix}.$$

IN.: *direct sum of matrices* [**19**, p. 24].

◉ Sean $A_1, A_2, \ldots A_n$ matrices cuadradas. Se cumple lo siguiente [**19**, p. 24] [**18**, p. 106]:

$$\det \bigoplus_{i=1}^{n} A_i = \prod_{i=1}^{n} \det A_i.$$

$$\text{ran} \bigoplus_{i=1}^{n} A_i = \sum_{i=1}^{n} \text{ran } A_i.$$

$$\text{tr} \bigoplus_{i=1}^{n} A_i = \sum_{i=1}^{n} \text{tr } A_i.$$

$$\sigma\left(\bigoplus_{i=1}^{n} A_i\right) = \bigcup_{i=1}^{n} \sigma(A_i).$$

En particular $A = \bigoplus_{i=1}^{n} A_i$ es invertible si cada A_i lo es para todo $i = 1, 2, \ldots, n$.

Suma directa de transformaciones lineales

Sean U y W subespacios de un espacio vectorial V. Si $V = U \oplus W$ se define la suma directa de $T \in \mathscr{L}(U)$ y $S \in \mathscr{L}(W)$ como la función $T \oplus S \in \mathscr{L}(V)$ definida como sigue:

$$(T \oplus S)(v_1 + v_2) = T(v_1) + S(v_2).$$

Más generalmente si $V = \bigoplus_{i=1}^{n} V_i$ y $T_i \in \mathscr{L}(V_i)$ para $i = 1, 2, \ldots, n$ entonces $\bigoplus_{i=1}^{n} T_i \in \mathscr{L}(V)$ se define por

$$\bigoplus_{i=1}^{n} T_i \ (v_1 + v_2 + \cdots + v_n) = \sum_{i=1}^{n} T_i(v_i).$$

IN.: *direct sum of linear transformations* [**18**, p. 72].

✪ *Relación con la suma directa de matrices* [**18**, p. 72].

1. Si $A_1, A_2, \ldots A_n$ matrices cuadradas,

$$T_{A_1 \oplus \cdots \oplus A_n} = \bigoplus_{i=1}^{n} T_{A_i}.$$

2. Sea $V = \bigoplus_{i=1}^{n} V_i$, $\mathbf{B}_i$ una base de V_i y $T_i \in \mathscr{L}(V_i)$ para todo $i = 1, 2, \ldots, n$. Si $\mathbf{B} = \bigcup_{i=1}^{n} \mathbf{B}_i$ entonces:

$$\left(\bigoplus_{i=1}^{n} T_i\right)_{\mathbf{B}} = \bigoplus_{i=1}^{n} (T_i)_{\mathbf{B}_i} = \begin{pmatrix} (T_1)_{\mathbf{B}_1} & 0 & \cdots & 0 \\ 0 & (T_2)_{\mathbf{B}_2} & & \vdots \\ \vdots & & \ddots & 0 \\ 0 & \cdots & 0 & (T_n)_{\mathbf{B}_n} \end{pmatrix}.$$

Además si $p(z)$ es un polinomio,

$$p(T_1 \oplus \cdots \oplus T_n) = \bigoplus_{i=1}^{n} p(T_i).$$

Si $a_1, a_2, \ldots a_n$ son números reales o complejos, entonces

Sustitución hacia adelante y hacia atrás

Sea $A = (a_{ij})$ una matriz triangular inferior invertible de $n \times n$ y $b = (b_1, b_2, \ldots, b_n)^{\top}$. Se dice que el sistema $Ax = b$ es resuelto por sustitución hacia adelante si se procede de la siguiente forma para encontrar a $x = (x_1, x_2, \ldots, x_n)^{\top}$:

$$x_1 = \frac{b_1}{a_{11}},$$

$$x_i = \frac{b_i - \sum_{j=1}^{i-1} a_{ij}x_j}{a_{ii}}, \qquad i = 2, 3, \ldots n.$$

Si $A = (a_{ij})$ es una matriz triangular superior invertible de $n \times n$ se dice que el sistema $Ax = b$ es resuelto por sustitución hacia atrás si se procede de la siguiente forma para encontrar a $x = (x_1, x_2, \ldots, x_n)^{\top}$:

$$x_n = \frac{b_n}{a_{nn}},$$

$$x_i = \frac{b_i - \sum_{j=i+1}^{n} a_{ij}x_j}{a_{ii}}, \qquad i = n-1, n-2, \ldots 1.$$

IN.: *forward and backward substitution* [**36**, p. 24].

Sylvester, teorema

$\hookrightarrow$ «Índice de positividad de un producto escalar ».

Toeplitz, matriz

Se dice que una matriz A cuadrada se dice que es de Toeplitz si es de la forma:

$$A = \begin{pmatrix} a_n & a_{n-1} & a_{n-2} & \cdots & a_1 \\ a_{n+1} & a_n & a_{n-1} & \ddots & \vdots \\ a_{n+2} & a_{n+1} & \ddots & \ddots & a_{n-2} \\ \vdots & \ddots & \ddots & a_n & a_{n-1} \\ a_{2n-1} & \cdots & a_{n+2} & a_{n+1} & a_n \end{pmatrix}.$$

IN.: *Toeplitz matrix* [**19**, p. 27].

Transformación lineal

Sean V y W dos espacios vectoriales. Una transformación lineal $T : V \to W$ es una función que satisface lo siguiente:
1. Si u y v están en V entonces $T(u + v) = T(u) + T(v)$.
2. Si α está en $\mathbb{K}$ y v está en V entonces $T(\alpha v) = \alpha T(v)$.

IN.: *linear transformation* [**3**, p. 38].

Transformación lineal asociada a una matriz

Sea A una matriz de $n \times m$ cuyas entradas están en un campo $\mathbb{K}$. A la aplicación

$$T_A : \mathbb{K}^m \to \mathbb{K}^n$$

definida por $T_A(x) = Ax$, para cada $x = (x_1, x_2, \ldots, x_m)^\top \in \mathbb{K}^m$ se le llama transformación lineal asociada a la matriz A. IN.: *linear transformation associated to a matrix* [**22**, p. 81].

✪

1. Sean A y B son dos matrices de la misma dimensión. Se cumple lo siguiente:
    (a) $T_A = T_B$ si y solo si $A = B$.
    (b) $T_{AB} = T_A T_B$. En particular, si n es un entero cualquiera entonces, $T_{A^n} = (T_A)^n$.
    (c) $T_{A+B} = T_A + T_B$.
    (d) Si $\alpha \in \mathbb{K}$ entonces $T_{\alpha A} = \alpha T_A$.
2. Sea A es una matriz con entradas en $\mathbb{K}$ y T_A su transformación lineal asociada. Si $\mathbf{B}'$ es la base canónica de $\mathbb{K}^n$ entonces
$$(T_A)_{\mathbf{B}'} = A.$$

Transpuesta de una matriz

Si

$$A = \begin{pmatrix} a_{11} & a_{12} & \cdots & a_{1n} \\ a_{21} & a_{22} & \cdots & a_{2n} \\ \vdots & \vdots & & \vdots \\ a_{m1} & a_{m2} & \cdots & a_{mn} \end{pmatrix}$$

es una matriz, la matriz transpuesta de A es la matriz:

$$A^\top = \begin{pmatrix} a_{11} & a_{21} & \cdots & a_{m1} \\ a_{12} & a_{22} & \cdots & a_{m2} \\ \vdots & \vdots & & \vdots \\ a_{1n} & a_{2n} & \cdots & a_{nm} \end{pmatrix}$$

IN.: *transpose of a matrix* [**19**, p. 6].

✪

1. Si A y B son matrices de las mismas dimensiones entonces $(A+B)^\top = A^\top + B^\top$.
2. Si A y B son matrices que se pueden multiplicar entonces $(AB)^\top = B^\top A^\top$.
3. Para toda matriz A, si α es un escalar entonces $(\alpha A)^\top = \alpha A^\top$.
4. La matriz $A + A^\top$ es siempre simétrica, si A es cuadrada.
5. Si A es cuadrada e invertible:

$$\left(A^{-1}\right)^\top = \left(A^\top\right)^{-1}.$$

6. Si A es una matriz compleja:

$$\left(\overline{A}\right)^\top = \overline{A^\top}.$$

Traslación

Sea V un espacio vectorial, y sea u un elemento de V fijo. A la aplicación $T_u : V \to V$ definida como $T_u(v) = v + u$ se le llama traslación por u. Si S es un subcojunto de V, al conjunto $T_u(S)$ se le llama translación de S por u, para simplificar notación se denota por $S + u$. IN.: *translation* [**22**, p. 49].

❂

1. Si u y w están en V entonces $T_{u+w} = T_u T_w$.
2. Si u está en V entonces la inversa de T_u es la aplicación T_{-u}.

Traza de un operador

Sea V un espacio vectorial sobre $\mathbb{C}$. Se define y se denota la traza del operador $T \in \mathscr{L}(V)$ como sigue:

$$\operatorname{tr} T = \sum_{i=1}^{m} \mu_i \lambda_i,$$

donde $\lambda_1, \lambda_2, \ldots, \lambda_m$ son los distintos autovalores de T y μ_i es la multiplicidad algebraica de λ_i [**18**, p. 105].

Traza de una matriz

Sea $A = (a_{ij})$ una matriz de $n \times n$. Se define la traza de A, como la suma de los elementos de su diagonal. En otras palabras,

$$\operatorname{tr} A = \sum_{i=1}^{n} a_{ii}.$$

Otra notación: trace(A). IN.: *trace of a matrix* [**19**, p. 40].

❂

1. Sea A una matriz cuadrada con entradas en un campo $\mathbb{K}$.
   (a) Si $\alpha \in \mathbb{K}$ entonces $\operatorname{tr}(\alpha A) = \alpha \operatorname{tr} A$.
   (b) Se cumple que
   $$\operatorname{tr} A = \operatorname{tr} A^{\top}.$$

2. Si A y B son matrices cuadradas de la mismas dimensiones [**19**, p. 40],
   $$\operatorname{tr}(A+B) = \operatorname{tr} A + \operatorname{tr} B \quad \text{y} \quad \operatorname{tr}(AB) = \operatorname{tr}(BA).$$

3. Si A y B son matrices cuadradas de la misma dimensión y además B es invertible [**19**, p. 40],
   $$\operatorname{tr}\left(B^{-1}AB\right) = \operatorname{tr} A.$$

   Es decir, dos matrices similares tienen la misma traza.

4. Para cualesquiera dos matrices A y B [**18**, p. 106]:
   $$\operatorname{tr}(A \otimes B) = \operatorname{tr} A \cdot \operatorname{tr} B.$$

   Si además las matrices son cuadradas:
   $$\operatorname{tr}(A \oplus B) = \operatorname{tr} A + \operatorname{tr} B.$$

5. *Relación con los autovalores*. Si A es una matriz compleja,
   $$\operatorname{tr} A = \sum_{i=1}^{m} \mu_i \lambda_i,$$

   donde $\lambda_1, \lambda_2, \ldots, \lambda_m$ son los distintos autovalores de T y μ_i es la multiplicidad algebraica de λ_i. Si además A es una matriz es diagonalizable entonces μ_i es la multiplicidad geométrica de λ_i [**3**, p. 168 ss] [**19**, p. 42].

Triangulable, matriz

Una matriz A con entradas en un campo $\mathbb{K}$ es triangulable (en $\mathbb{K}$) si es similar a una matriz triangular superior con entradas en $\mathbb{K}$, es decir, si existe una matriz invertible N con entradas en $\mathbb{K}$ tal que

$$A = N^{-1}MN,$$

donde M es una matriz triangular superior. In.: *triangulable matrix* [**22**, p. 238].

✪ Toda matriz con entradas complejas es triangulable [**22**, p. 239].

Triangulable, operador

Sea V un espacio vectorial sobre un campo $\mathbb{K}$. Se dice que T en $\mathscr{L}(V)$ es triangulable si existe una base de V tal que $(T)_{\mathbf{B}}$ es una matriz triangular superior. IN.: *triangulable operator* [**22**, p. 238].

❂

1. Sean V un espacio vectorial n-dimensional, T un operador en $\mathscr{L}(V)$ triangulable y $\mathbf{B}$ una base de V tal que $(T)_{\mathbf{B}}$ es una matriz triangular superior con los autovalores $\lambda_1, \lambda_2, \dots \lambda_m$ de T en la diagonal. Cada autovalor λ_i aparece repetido

$$\mu_i = \dim \operatorname{Ker}(T - \lambda_i I)^n$$

veces [**3**, p. 169] [**3**, p. 86].

2. Sean V un espacio vectorial, $T \in \mathscr{L}(V)$ y $\mathbf{B} = \{v_1, v_2, \dots, v_n\}$ una base de V. Las siguientes afirmaciones son equivalentes [**3**, p. 83]:
   (a) La matriz $(T)_{\mathbf{B}}$ es triangular superior.
   (b) Para cada $k = 1, 2, \dots, n$, $T(v_k) \in \operatorname{span}\{v_1, v_2, \dots, v_k\}$.
   (c) Para cada $k = 1, 2, \dots, n$, el conjunto $\operatorname{span}\{v_1, v_2, \dots, v_k\}$ es invariante bajo T.

3. Sea V un espacio vectorial sobre $\mathbb{C}$ y $T \in \mathscr{L}(V)$. Sea

$$\mathbb{M}_T(z) = (z - \lambda_1)^{r_1}(z - \lambda_2)^{r_2} \cdots (z - \lambda_m)^{r_m},$$

el polinomio mínimo de T donde $\lambda_1, \lambda_2, \dots, \lambda_m$ son distintos autovalores de T. Sea

$$V_i = \operatorname{Ker}(T - \lambda_i I)^{r_i} = \operatorname{Ker}(T - \lambda_i I)^n$$

para cada $i = 1, 2, \dots, n$. Se cumple lo siguiente [**6**, p.47 ss]:

$$V = V_1 \oplus V_2 \oplus \cdots \oplus V_m,$$

y cada $S_i = (T - \lambda_i I)_{V_i} \in \mathscr{L}(V_i)$ es nilpotente. Existe además $\mathbf{B}_i = \{v_1, v_2, \dots, v_{\mu_i}\}$ (cada v_j depende de i y $j = 1, 2, \dots, \mu_i$) base de V_i tal que:

$$
\begin{aligned}
S_i(v_1) &= 0, \\
S_i(v_2) &\in \operatorname{span}\{v_1\}, \\
S_i(v_3) &\in \operatorname{span}\{v_1, v_2\}, \\
&\vdots \\
S_i(v_{\mu_i}) &\in \operatorname{span}\{v_1, v_2, \dots, v_{\mu_i - 1}\}.
\end{aligned}
$$

Por tanto $(S_i)_{\mathbf{B}_i}$ es una matriz triangular superior con ceros en la diagonal, es decir:

$$(S_i)_{\mathbf{B}_i} = \begin{pmatrix} 0 & \star & \star & \cdots & \star & \star \\ 0 & 0 & \star & \cdots & \star & \star \\ \vdots & \vdots & \vdots & \ddots & \vdots & \vdots \\ 0 & 0 & 0 & \cdots & 0 & \star \\ 0 & 0 & 0 & \cdots & 0 & 0 \end{pmatrix}.$$

y

$$(T|_{V_i})_{\mathbf{B}_i} = \begin{pmatrix} \lambda_i & \star & \star & \cdots & \star & \star \\ 0 & \lambda_i & \star & \cdots & \star & \star \\ \vdots & \vdots & \vdots & \ddots & \vdots & \vdots \\ 0 & 0 & 0 & \cdots & \lambda_i & \star \\ 0 & 0 & 0 & \cdots & 0 & \lambda_i \end{pmatrix}.$$

Para la base $\mathbf{B} = \cup_{i=1}^n \mathbf{B}_i$ de V la matriz $(T)_{\mathbf{B}}$ es triangular superior, de hecho:

$$(T)_{\mathbf{B}} = \begin{pmatrix} (T|_{V_1})_{\mathbf{B}_1} & 0 & \cdots & 0 \\ 0 & (T|_{V_2})_{\mathbf{B}_2} & & \vdots \\ \vdots & & \ddots & 0 \\ 0 & \cdots & 0 & (T|_{V_m})_{\mathbf{B}_m} \end{pmatrix}.$$

En conlusión todo operador definido en un espacio vectorial sobre $\mathbb{C}$ es triangulable.

4. *Relación con las matrices triangulables.*

   (a) Sea V un espacio vectorial y $\mathbf{B} = \{v_1, v_2, \ldots v_n\}$ una base de V cualquiera.

   i. Sea $T \in \mathscr{L}(V)$ es triangulable y $\mathbf{B}'$ base de V tal que $(T)_{\mathbf{B}'}$ es una matriz triangular superior. La matriz $N = (I)_{\mathbf{B},\mathbf{B}'}$ satisface

   $$(T)_{\mathbf{B}} = N^{-1}(T)_{\mathbf{B}'}N.$$

   Es decir, $(T)_{\mathbf{B}}$ es una matriz triangulable.

   ii. Sea $(T)_{\mathbf{B}}$ triangulable y N invertible tal que

   $$(T)_{\mathbf{B}} = N^{-1}MN$$

   donde M es triangular superior. Entonces la base $\mathbf{B}' = \{w_1, w_2, \ldots, w_n\}$ dada por $w_i = \sum_{j=1}^n \alpha_{ij}v_j$ para $i = 1, 2, \ldots, n$ donde $N^{-1} = (\alpha_{ij})$ satisface

   $$(T)_{\mathbf{B}'} = M$$

133

es decir T es triangulable.

(b) Sea A una matriz de $n \times n$ con entradas en $\mathbb{K}$. Ya que $(T_A)_{\mathbf{B}'} = A$ donde $\mathbf{B}'$ es la base canónica de $\mathbb{K}^n$ entonces $T_A \in \mathscr{L}(\mathbb{K}^n)$ es un operador triangulable si y solo si A es una matriz triangulable.

Triangular inferior y superior, matriz

Una matriz $A = (a_{ij})$ de $n \times n$ se dice que es triangular superior si $a_{ij} = 0$ si $j < i$, es decir si es de la forma:

$$\begin{pmatrix} a_{11} & a_{12} & \cdots & a_{1n} \\ 0 & a_{22} & \cdots & a_{2n} \\ \vdots & \vdots & & \vdots \\ 0 & 0 & \cdots & a_{nn} \end{pmatrix}.$$

Una matriz cuadrada es triangular inferior si su transpuesta es una matriz triangular superior, es decir es de la forma:

$$\begin{pmatrix} a_{11} & 0 & \cdots & 0 \\ a_{21} & a_{22} & \cdots & 0 \\ \vdots & \vdots & & \vdots \\ a_{n1} & a_{n2} & \cdots & a_{nn} \end{pmatrix}.$$

IN.: *upper triangular matrix, lower triangular matrix* [**19**, p. 24].

Triángulo, desigualdad
↪ « Norma ».

Tricotomía, ley (axioma)
↪ « Números positivos y negativos ».

Tridiagonal, matriz
↪ « Banda, matriz ».

U

Unión de conjuntos

Sean A y B dos conjuntos. Al conjunto constituido por los elementos tales que están en A o están en B se le llama unión de A y B y se denota por $A \cup B$. En otras palabras,

$$A \cup B = \{x : x \in A \ \lor \ x \in B\}.$$

IN.: *union of two sets*. La **unión finita de conjuntos** se refiere a la unión de todos los conjuntos pertenecientes a una colección finita $\{A_1, A_2, \ldots A_n\}$ la cual a su vez es un conjunto que se denota y define como sigue:

$$\bigcup_{i=1}^{n} A_i = A_1 \cup A_2 \cup \cdots \cup A_n. = \{x : \exists i \in I, x \in A_i\},$$

donde $I = \{1, 2, \ldots, n\}$. IN.: *finite union of sets*. Por otro lado, la **unión numerable de conjuntos** se refiere a la unión de todos los conjuntos de una colección numerable $\{A_1, A_2, A_3, \ldots\}$, la cual a su vez es un conjunto que se denota y define como sigue:

$$\bigcup_{i=1}^{\infty} A_i = A_1 \cup A_2 \cup A_3 \cdots = \{x : \exists i \in \mathbb{N}, x \in A_i\}.$$

SIN. (S): unión contable de conjuntos. IN.: *countable union of sets*. Más generalmente, el término **unión arbitraria de conjuntos** se refiere a la unión de los conjuntos pertenecientes a una colección arbitraria. Si $\mathscr{C} = \{A_\lambda : \lambda \in \Lambda\}$ es una familia indizada de conjuntos entonces la intersección de todos los conjuntos pertenecientes a $\mathscr{C}$ se denota y se define como sigue:

$$\bigcup_{\lambda \in \Lambda} A_\lambda = \{x : \exists \lambda \in \Lambda, x \in A_\lambda\}.$$

IN.: *arbitrary union of sets* [**12**, p. 9].

✪[**12**, p. 9 ss]:
1. $\bigcup_{\lambda \in \Lambda} A_\lambda \cap \bigcup_{\gamma \in \Gamma} B_\gamma = \bigcup_{(\lambda,\gamma) \in \Lambda \times \Gamma} (A_\lambda \cap B_\gamma)$.
2. $(\bigcup_{\lambda \in \Lambda} A_\lambda)^c = \bigcap_{\lambda \in \Lambda} (A_\lambda)^c$.
3. $\bigcup_{\lambda \in \Lambda} A_\lambda \times \bigcup_{\gamma \in \Gamma} B_\gamma = \bigcup_{(\lambda,\gamma) \in \Lambda \times \Gamma} (A_\lambda \times B_\gamma)$.
4. $\bigcup_{\lambda \in \Lambda} \mathscr{P}(A_\lambda) \subset \mathscr{P}(\bigcup_{\lambda \in \Lambda} A_\lambda)$.

Unitaria, matriz

Se dice que una matriz cuadrada A con entradas en un campo $\mathbb{K}$ es unitaria, si

$$A^\star A = I.$$

IN.: *unitary matrix* [**19**, p. 66]. ↪ « Ortogonal, matriz ».

✪[**19**, p. 67 ss]:
1. Si A es unitaria también lo son $\overline{A}$, $A^\top$ y $A^\star$.
2. Si A y B son dos matrices unitarias de las mismas dimensiones entonces AB es unitaria también.

3. Si A es unitaria entonces $|\det A| = 1$. Más aún, si $\lambda \in \mathbb{K}$ es un autovalor de A entonces $|\lambda| = 1$.
4. *Caracterización de las matrices unitarias.* Las siguientes afirmaciones son equivalentes.
   (a) La matriz A es unitaria.
   (b) La matriz A es no-singular y $A^\star = A^{-1}$.
   (c) Se cumple que $AA^\star = I$.
   (d) La matriz $A^\star$ es unitaria.
   (e) Las columnas de A forman un conjunto ortonormal con respecto al producto punto complejo.
   (f) Los renglones de A forman un conjunto ortonormal con respecto al producto punto complejo.
   (g) Para todo $x = (x_1, x_2, \ldots, x_n)^\top \in \mathbb{K}^n$, $\|x\|_2 = \|Ax\|_2$.

Unitario, operador

Sea V un espacio vectorial definido en un campo $\mathbb{K}$. Sea $\langle \cdot, \cdot \rangle$ un producto interno definido en V. Se dice que $T \in \mathscr{L}(V)$ es unitario si

$$T^\star T = I.$$

SIN.(S): operador isométrico. IN.: *unitary operator* [**18**, p. 142].

✪

1. Si T y S son dos operadores unitarios de $\mathscr{L}(V)$ entonces TS es unitario también.
2. Si T es unitario y λ es un autovalor de T entonces $|\lambda| = 1$.
3. *Caraterización de los operadores unitarios.*
   (a) *Caso general.* Consideremos a V con la norma $\|\cdot\|$ proveniente de un producto interno dado. Las siguientes afirmaciones son equivalentes [**18**, p. 142 ss] [**3**, p. 148]:
      i. El operador $T \in \mathscr{L}(V)$ es unitario.
      ii. Se cumple que $\langle T(v), T(w) \rangle = \langle v, w \rangle$ para todo $v, w \in V$.
      iii. Para todo v en V, $\|T(v)\| = \|v\|$.
      iv. Si $\{v_1, v_2, \ldots, v_n\}$ es un conjunto ortonormal en V también lo es

$$\{T(v_1), T(v_2), \ldots T(v_n)\}.$$

      v. El operador $T^\star \in \mathscr{L}(V)$ es unitario.
      vi. Se cumple que $TT^\star = I$.
      vii. Si $\{v_1, v_2, \ldots, v_n\}$ es un conjunto ortonormal en V también lo es

$$\{T^\star(v_1), T^\star(v_2), \ldots T^\star(v_n)\}.$$

viii. Se cumple que $\langle T^{\star}(v), T^{\star}(w) \rangle = \langle v, w \rangle$ para todo $v, w \in V$.

(b) *Caso real* [**3**, p. 151, teo. 7.38]. Sea V un espacio vectorial con un producto interno definido sobre $\mathbb{R}$. Un operador T definido en V es unitario si y solo si existe una base ortonormal **B** de V tal que,

$$(T)_{\mathbf{B}} = \begin{pmatrix} M_1 & 0 & \cdots & 0 \\ 0 & M_2 & & \vdots \\ \vdots & & \ddots & 0 \\ 0 & \cdots & 0 & M_m \end{pmatrix}.$$

Cada M_i, representa una matriz de 1×1 ó de 2×2 de los siguientes tipos:

$$(1), \ (-1), \ \begin{pmatrix} \cos\theta & -\mathrm{sen}\,\theta \\ \mathrm{sen}\,\theta & \cos\theta \end{pmatrix}.$$

(c) *Caso complejo* [**3**, p. 150, teo. 7.37]. Sea V un espacio vectorial con un producto interno definido sobre $\mathbb{C}$. Un operador T definido en V es unitario si y solo si existe una base ortonormal de V constituida por autovectores de T (es decir es diagonalizable) y todos sus autovalores tienen módulo igual a 1.

4. *Relación con las matrices unitarias.*

(a) Sea U una matriz de $n \times n$ con entradas en $\mathbb{K}$. Consideremos a $\mathbb{K}$ con cualquier producto punto real o complejo dependiendo si $\mathbb{K}$ es $\mathbb{R}$ o $\mathbb{C}$. Ya que $(T_A)^{\star} = T_{A^{\star}}$, la transformación lineal T_A es un operador unitario si y solo si A es una matriz unitaria [**22**, p. 185].

(b) Sea V un espacio vectorial con producto interno y **B** una base ortonormal de V. Ya que $(T^{\star})_{\mathbf{B}} = ((T)_{\mathbf{B}})^{\star}$, un operador $T \in \mathscr{L}(V)$ es unitario si y solo si $(T)_{\mathbf{B}}$ es una matriz unitaria [**3**, p. 121].

Unitario, vector

Un elemento v de un espacio vectorial normado V con norma $\| \cdot \|$ se dice que es un vector unitario si $\|v\| = 1$. IN.: *unit vector* [**22**, p. 99].

Uno a uno, función

↪ « Inyectiva, función ».

V

Valor absoluto de un número complejo
↪ « Módulo de un número complejo ».

Valor absoluto de un número real
Sea a un número real, el valor absoluto de a se denota por $|a|$ y se define como sigue:

$$|a| = \begin{cases} a, & \text{si } a \geq 0; \\ -a, & \text{si } a < 0. \end{cases}$$

In.: *absolute value* [**32**, p. 11].

✪[**32**, p. 11 ss]:
1. Sea $a \in \mathbb{R}$. Se satisface lo siguiente:
   (a) $|a| \geq 0$.
   (b) Si $|a| = 0$ entonces $a = 0$.
   (c) $|a| = \sqrt{a^2}$ (la raíz positiva).
   (d) $|a| = |-a|$.
   (e) $-|a| \leq a \leq |a|$.
   (f) Si $\epsilon > 0$ y $|a| \leq \epsilon$ entonces $-\epsilon \leq a \leq \epsilon$.
2. Sean a y b en $\mathbb{R}$. Se cumple lo siguiente:
   (a) $|a \cdot b| = |a| \cdot |b|$.
   (b) $|a + b| \leq |a| + |b|$.
   (c) $|a - b| \leq |a| + |b|$.
   (d) $|a| - |b| \leq |a - b|$.
   (e) $||a| - |b|| \leq |a - b|$.
   (f) $\max(a, b) = \dfrac{a + b + |a - b|}{2}$.
   (g) $\min(a, b) = \dfrac{a + b - |a - b|}{2}$.
   (h) Si b es un número distinto de cero entonces, $\left|\dfrac{a}{b}\right| = \dfrac{|a|}{|b|}$.

Valores singulares de un operador
Sea V un espacio vectorial con producto interno n-dimensional. El conjunto de valores singulares de $T \in \mathscr{L}(V)$ es el conjunto de autovalores de

$$S = \sqrt{T^\star T},$$

visto de la forma

$$\Sigma(T) = \{\lambda_1, \lambda_1, \ldots, \lambda_1, \ldots \lambda_m, \lambda_m, \ldots, \lambda_m\}$$

donde cada autovalor λ_i aparece repetido $v_i = \dim \text{Ker}\,(S - \lambda_i I)$ veces. Como $v_1 + v_2 + \cdots + v_m = n$ se puede escribir al conjunto de valores singulares de la siguiente forma:

$$\Sigma(T) = \{s_1, s_2, \cdots, s_n\}.$$

IN.: *singular values of an operator* [**3**, p. 155].

❂[**3**, p. 156 ss]: Sean V un espacio vectorial n-dimensional con producto interno $\langle \cdot, \cdot \rangle$ y $T \in \mathscr{L}(V)$. Se cumple lo siguiente:

1. El operador T es invertible si y solo si el cero 0 no es un valor singular de T.
2. El operador T es unitario si y solamente si todos sus valores singulares son iguales a 1
3. La dimensión de Ran T es la cantidad de valores singulares de T distintos de cero.
4. Sean T_1 y T_2 elementos de $\mathscr{L}(V)$. Entonces T_1 y T_2 tienen los mismos valores singulares si y solo si existen operadores unitarios $U_1, U_2 \in \mathscr{L}(V)$ tales que $T_1 = U_1 T_2 U_2$.
5. Supongamos que T tiene

$$s_1, s_2, \ldots, s_n$$

valores singulares de T. Entonces existen dos bases ortonormales de V, $\mathbf{B} = \{v_1, v_2, \ldots, v_n\}$ y $\mathbf{B}' = \{w_1, w_2, \ldots, w_n\}$ tales que, para cada $v \in V$:

$$T(v) = s_1 \langle v, v_1 \rangle w_1 + \cdots + s_n \langle v, v_n \rangle w_n.$$

Además,

(a)

$$(T)_{\mathbf{B}, \mathbf{B}'} = \begin{pmatrix} s_1 & 0 & \cdots & 0 \\ 0 & s_2 & \ddots & \vdots \\ \vdots & \ddots & \ddots & 0 \\ 0 & \cdots & 0 & s_n \end{pmatrix}$$

(b) Para todo $v \in V$,

$$T^{\star}(v) = s_1 \langle v, w_1 \rangle v_1 + \cdots + s_n \langle v, w_n \rangle v_n.$$

(c) Si T es invertible entonces para todo $v \in V$,

$$T^{-1}(v) = \frac{1}{s_1} \langle v, w_1 \rangle v_1 + \cdots + \frac{1}{s_n} \langle v, w_n \rangle v_n.$$

Valores y vectores propios de un operador o matriz

↪ « Autovalores y autovectores de un operadorÊ[matriz] ».

Vandermonde, determinante

Sean $x_1, x_2, \ldots, x_n$ escalares. Al determinante de la matriz:

$$V_n = \begin{pmatrix} 1 & x_1 & \cdots & x_1^{n-1} \\ 1 & x_2 & \cdots & x_2^{n-1} \\ \vdots & \vdots & & \vdots \\ 1 & x_n & \cdots & x_n^{n-1} \end{pmatrix}.$$

se le llama determinante de Vandermonde. IN.: *Vandermonde determinant* [**22**, p. 155].

✪[**22**, p. 155]:
1. Se cumple que

$$\det V_n = \prod_{i<j} (x_j - x_i).$$

El símbolo de la derecha representa el producto de todos los términos de la forma $x_j - x_i$ con $i < j$, donde i y j son enteros que van desde 1 hasta n.

2. El determinante de Vandermonde satisface lo siguiente:

$$\det V_n = (x_n - x_1)(x_{n-1} - x_1) \cdots (x_2 - x_1) \det V_{n-1}.$$

Vector

Un vector es un elemento de un espacio vectorial. IN.: *vector* [**22**, p. 4].

Y (∧)

El símbolo ∧ denota al conector lógico « y ». Si P y Q son dos proposiciones, entonces

$$P \wedge Q$$

significa « P y Q ». IN.: *P and Q* [**24**, p. 12].

✪ Sean P y Q dos proposiciones, entonces la proposición $P \wedge Q$ es verdadera si y solo si las dos son verdaderas.

Índice

A	1
B	9
C	15
D	27
E	40
F	52
G	53
H	55
I	59
J	67
K	70
L	72
M	73
N	82
O	93
P	96
Q	112
R	113
S	118
T	128
U	134
V	138
Y	140

Lista de símbolos

	Teoría de conjuntos
$A = B$	A igual a B, 59
$A \cap B$	A intersección B, 62
$A \cup B$	A unión B, 134
$A \subseteq B$, $A \subset B$	A subconjunto de B, 123
$A \subsetneq B$	A subconjunto propio de B, 123
A^c	Complemento de A, 20
$\mathscr{P}(A)$	Conjunto potencia de A, 102
$\varnothing$	Conjunto vacío, 23
$A \setminus B$	Diferencia entre A y B, 37
$X \times Y$	Espacio producto de X por Y, 45
X^n	Espacio producto de X, n-dimensional, 45
$\exists$	Existe, 51
$\bigcap_{\lambda \in \Lambda}^{\infty} A_\lambda$	Intersección arbitraria de los conjuntos A_λ, $\lambda \in \Lambda$, 62
$\bigcap_{i=1}^{n} A_i$	Intersección finita de los conjuntos $A_1, A_2, \dots, A_n$, 62
$\bigcap_{i=1}^{\infty} A_i$	Intersección numerable de los conjuntos $A_1, A_2, A_3 \dots$, 62
$\neg$	No, 84
$P \implies Q$	Si P entonces Q, 21
$P \vee Q$	P o Q, 93
$P \iff Q$	P si y solo si Q, 42
$\forall$	Para todo, 96
$P \wedge Q$	P y Q, 140
$\bigcup_{\lambda \in \Lambda}^{\infty} A_\lambda$	Unión arbitraria de los conjuntos A_λ, $\lambda \in \Lambda$, 134
$\bigcup_{i=1}^{n} A_i$	Unión finita de los conjuntos $A_1, A_2, \dots, A_n$, 134
$\bigcup_{i=1}^{\infty} A_i$	Unión numerable de los conjuntos $A_1, A_2, A_3 \dots$, 134

$x \notin A$	x no pertenece (está) a A
$x \in A$	x pertenece (está) a A

Funciones

D_f	Dominio de f, 39
$a \mapsto f(a)$	Función f que a cada a le asigna a $f(a)$, 39
$f \circ g$	Función f compuesta con g, 21
$f(a)$	Función f evaluada en a, 53
$f : X \to Y$	Función f tal que $X \subset D_f$ e $\mathrm{Im}_f \subset Y$, 39
id_A	Función identidad en un conjunto A, 59
$\deg p$	Grado de un polinomio, 54
f^{-1}	Inversa de f, 63
Im_f	Imagen de f, 39
$\mathrm{mcd}(p(z), q(z))$	Máximo común divisor entre dos polinomios $p(z)$ y $q(z)$, 76
$\max_{x \in C} f(x)$	Máximo de f sobre el conjunto C, 76

Vectores

e_i	Elemento i-ésimo de la base canónica de $\mathbb{R}^n$ o de $\mathbb{C}^n$, 9
$\|x\|_2$	Norma euclidiana de $x \in \mathbb{K}^n$, 50
$\|v\|$	Norma de un vector v, 85
$\|x\|_p$	Norma ℓ_p de $x \in \mathbb{K}^n$, 85
$\|x\|_\infty$	Norma ℓ_∞ de $x \in \mathbb{K}^n$, 86
$x \times y$	Producto cruz de x con y, 103
$\langle v, w \rangle$	Producto escalar, producto hermitiano o producto interno de v con w, 106, 56, 107
$x \cdot y$	Producto punto real o complejo de x con y, 107, 107
$v \perp w$	v ortogonal a w, 95
$\overline{x}$	Vector conjugado de $x \in \mathbb{K}^n$, 23

Números y escalares

$\mathbb{K}$	Campo, en este atlas se refiere a los reales $\mathbb{R}$ o a los números complejos $\mathbb{C}$, 15
$\binom{n}{k}$	Coeficiente binomial n en k, 14
$\overline{z}$	Conjugado del número complejo z, 23
$\arg z$	Conjunto de argumentos de un número complejo z, 5
$n!$	Factorial de n, 52
$|z|$	Módulo del número complejo z, 78
$\mathbf{i}$	Número complejo cuyo cuadrado es -1, 19
$\mathbb{C}$	Números complejos, 19
$\mathbb{Z}$	Números enteros, 92

$\mathbb{I}$	Números irracionales, 93
$\mathbb{N}$	Números naturales, 93
$\mathbb{Q}$	Números racionales, 93
$\mathbb{R}$	Números reales
Im z	Parte imaginaria de un número complejo z, 97
Re z	Parte real de un número complejo z, 97
$|a|$	Valor absoluto de a, 138

Matrices

A^n	$A \cdot A \cdots A$, n veces, 104
adj (A)	Adjugada de A, 1
$A^\star$	Adjunta de A, 1
$\overline{A}$	Conjugada de A, 22
det A	Determinante de A, 32
$\sigma(A)$	Espectro de A, 49
A^{-1}	Inversa de A, 63
$(T)_{\mathbf{B}}$	Matriz asociada al operador T repecto a la base $\mathbf{B}$, 74
$(T)_{\mathbf{B},\mathbf{B}'}$	Matriz asociada a la transformación lineal T repecto a las bases $\mathbf{B}$ y $\mathbf{B}'$, 74
O	Matriz cero, 16
Cof (A)	Matriz de cofactores de A, 76
exp A	Matriz exponencial de A, 51
I, I_n	Matriz identidad, 59
$|A|_2$	Norma espectral de A, 88
$\|A\|_2$	Norma euclidiana de A, 50
$\|A\|_1$	Norma ℓ_1 de A, 86
$\|A\|_\infty$	Norma ℓ_∞ de A, 86
$|A|_1$	Norma de A inducida por la norma ℓ_1, 88
$|A|_\infty$	Norma de A inducida por la norma ℓ_∞, 88
$R^i \leftrightarrow R^j$	Operaciones de pivoteo en una matriz, 97
$R^i \leftarrow \alpha R^i$	
$R^i \leftarrow R^i + \alpha R^j$	
$p(A)$	Polinomio p en la matriz A, 99
$\mathbb{P}_A(z)$	Polinomio característico de A, 99
AB	Producto de A y B, 104
$A \otimes B$	Producto de Kronecker de A y B, 70
$\rho(A)$	Radio espectral de A, 113
$A \oplus B$	Suma de Kronecker de A y B, 71
$A \oplus B$	Suma directa de A y B, 126
ran A	Rango de A, 115

$A^\top$	Transpuesta de A, 129
tr A	Traza de A, 130

Operadores y transformaciones lineales

$T^\star$	Adjunto del operador T, 1
$\sigma(T)$	Espectro del operador T, 49
$\lvert T \rvert$	Norma de un operador o transformación lineal, 87, 87
Ker T	Núcleo de T, 92
I	Operador identidad, 59
$p(T)$	Polinomio p en el operador T, 99
$\mathbb{P}_T(z)$	Polinomio característico de T, 99
$\mathbb{M}_T(z)$	Polinomio mínimo de T, 101
TS	Producto de T y S, 105
$\rho(T)$	Radio espectral de T, 113
$\sqrt{T}$	Raíz cuadrada de T, 114
Ran T	Rango de T, 116
$T \oplus S$	T suma directa con S, 127
T^n	$T \circ T \circ \cdots \circ T$, n veces, 105
T_A	Transformación lineal asociada a la matriz A, 129
O	Transformación lineal cero, 16

Espacios vecctoriales

$\mathbb{K}^n$	$K \times K \times \cdots \times K$, n veces, 46
$S^\perp$	Complemento ortogonal de S, 20
dim V	Dimensión de V, 38
ℓ_∞	Espacio ℓ_∞, 46
ℓ_p	Espacio ℓ_p, 47
V/S	Espacio cociente de V respecto a S, 44
$\mathrm{Bil}(V \times W, F)$	Espacio de formas bilineales de $V \times W$ a F, 13
$\mathrm{Mat}_{m \times n}(\mathbb{K})$	Espacio de matrices sobre $\mathbb{K}$, 47
$\mathscr{L}(V)$	Espacio de operadores definidos en V, 47
$\mathscr{P}_m(\mathbb{K})$	Espacio de polinomios sobre $\mathbb{K}$ de grado $\leq m$, 48
$\mathscr{L}(V, W)$	Espacio de transformaciones lineales de V a W, 48
$V^\star$	Espacio dual de V, 45
span U	Generado por el conjunto de vectores U, 54
$U + V$	Suma de los subespacios U y W, 124
$U \oplus W$	Suma directa de los subespacios U y W, 124

Referencias

1. L. V. Ahlfors, *Complex analysis*, McGraw-Hill, 1953.
2. T. M. Apostol, *Calculus*, 2.ª ed., tomo 2, Wiley, 1969.
3. S. Axler, *Linear algebra done right*, 2.ª ed., Springer, 1997.
4. G. P. Barker y H. Schneider, *Matrices and linear algebra*, Dover, 1968.
5. D. Bini y V. Y. Pan, *Polynomial and matrix computation*, tomo 1, Birkhäuser, 1994.
6. T. S. Blyth y E. F. Robertson, *Further linear algebra*, Springer, 2002.
7. P. Borwein y T. Erdelyi, *Polynomials and polynomial inequalities*, Springer, 1995.
8. G. Cantor, *Contributions to the founding of the theory of transfinite numbers*, Dover, 1955.
9. M. D. Choi, «Tricks or treats with the Hilbert matrix», *Amer. Math. Monthly* **90** (1983) 301–312.
10. R. Courant y D. Hilbert, *Methods of mathematical physics*, tomo 1, Wiley-VCH, 1989.
11. M. L. Curtis, *Matrix groups*, Springer, 1979.
12. J. Dugundji, *Topology*, Allyn and Bacon, 1966.
13. D. Fearnley-Sander y J. S. V. Symons, «Apollonius and inner products», *Amer. Math. Monthly* **81** (1974) 990–993.
14. B. Fine y G. Rosenberger, *Fundamental theorem of algebra*, Springer, 1997.
15. T. W. Gamelin, *Introduction to topology*, Dover, 1999.
16. L. Gilbert, *Elements of modern algebra*, 7.ª ed., Brooks Cole, 2008.
17. P. Habala, P. Hájek, y V. Zizler, *Introduction to Banach spaces*, Matfyz-press, 1996.
18. P. R. Halmos, *Finite-dimensional vector spaces*, Springer, 1974.
19. R. A. Horn y C. R. Johnson, *Matrix analysis*, Cambridge University Press, 1990.
20. R. Irving, *Integer, polynomials and rings*, Springer, 2004.
21. T. Jech, *Set theory*, 3.ª ed., Springer, 2006.
22. S. Lang, *Linear algebra*, 3.ª ed., Springer, 1987.

23. A. J. Laub, *Matrix analysis for scientists and engineers*, SIAM, 2004.

24. E. Mendelson, *Introduction to mathematical logic*, 4.ª ed., Chapman & Hall, 1997.

25. C. D. Meyer, *Matrix analysis and applied linear algebra book and solutions manual*, SIAM, 2001.

26. J. R. Munkres, *Topology: a first course*, Prentice Hall, 1975.

27. L. Narici y E. Beckenstein, *Topological vector spaces*, 2.ª ed., Chapman and Hall/CRC, 2010.

28. D. G. Northcott, *Multilinear algebra*, Cambridge University Press, 2009.

29. S. Roman, *Advanced linear algebra*, 3.ª ed., Springer, 2010.

30. G. A. F. Seber, *A matrix handbook for statisticians*, Wiley-Interscience, 2007.

31. T. S. Shores, *Applied linear algebra and matrix analysis*, Springer, 2007.

32. M. Spivak, *Calculus*, 3.ª ed., Publish or Perish, 1994.

33. J. Stewart, *Multivariable calculus*, 4.ª ed., Brooks Cole, 1999.

34. G. Strang, *Linear algebra and its applications*, 4.ª ed., Brooks Cole, 2005.

35. J. Väisälä, «A proof of the Mazur-Ulam theorem», *Amer. Math. Monthly* **110** (2003) 633–635.

36. D. S. Watkins, *Fundamentals of matrix computations*, 3.ª ed., Wiley, 2010.

37. H. Weyl, *The classical groups: their invariants and representations*, Princeton University Press, 1997.

38. N. Young, *An introduction to Hilbert space*, 13.ª ed., Cambridge University Press, 2010.

www.ingramcontent.com/pod-product-compliance
Lightning Source LLC
Chambersburg PA
CBHW070321190526
45169CB00005B/1689